糙 米 0 2

张小马 主编

電子工業出版社
Publishing House of Electronics Industry
北京·BEIJING

图书在版编目（C I P）数据

糙米. 02, 食草男！崛起 / 张小马主编. – 北京 : 电子工业出版社, 2018.3
ISBN 978-7-121-33763-5

Ⅰ. ①糙… Ⅱ. ①张… Ⅲ. ①素菜–菜谱 Ⅳ. ①TS972.123

中国版本图书馆CIP数据核字(2018)第036132号

策划编辑：白　兰

责任编辑：鄂卫华

印　　刷：中国电影出版社印刷厂

装　　订：中国电影出版社印刷厂

出版发行：电子工业出版社

北京市海淀区万寿路173信箱　　邮编：100036

开　　本：787×1092　1/16　印张：10.5　　字数：286千字

版　　次：2018年3月第1版

印　　次：2018年3月第1次印刷

定　　价：58.00元（含内页）

凡所购买电子工业出版社图书有缺损问题，请向购买书店调换。若书店售缺，请与本社发行部联系，联系及邮购电话：（010）88254888，88258888。

质量投诉请发邮件至zlts@phei.com.cn，盗版侵权举报请发邮件至dbqq@phei.com.cn。

本书咨询电邮：bailan@phei.com.cn 咨询电话：（010）68250802

主编 / Chief Editor：张小马 Aileen Zhang
艺术总监 / Design Director：森形设计事物研究室 SENSING DESIGN- 孙梓峰 Sun Zifeng
平面设计 / Graphic Design：孙梓峰 Sun Zifeng 王一超 Yichao Wang
特约撰稿人 /Special Contributor：袁冬妮 NINI 汤玉娇 Jojo Tang Vegan Kitty Cat（Hailey Chang）
特约摄影师 / Special Photographer：帕姆 Palm
品牌运营 / Brand Operator：徐蕾 Lilian Xu 缪婧熠 Megan Miao

特约撰稿人介绍

SPECIAL CONTRIBUTOR

NINI，袁冬妮，素食营养撰稿人，中华自然疗法总会自然饮食疗法咨询师，国家二级公共营养师，健康料理分享者。一个讲道理的素食主义者，善于用理性文字分享植物营养，帮助更多人健康吃饭。

汤玉娇，森系健康料理创始人，师从风靡全球的 Macrobiotic，31 岁跨界成为厨师，提倡遵循大自然的规律，尊重将生命贡献给人类的食材，通过正确地对待事物，与大自然和谐相处，让世界真正和平。

Vegan Kitty Cat（Hailey Chang）是一名素食十年的动物权益家、口译员、引导师及博主，曾任全球最大动物权益组织华语区负责人五年，现任职美国权威营养机构 NutritionFacts.org 推广蔬食健康。工作之余，国际化背景的她也在 Instagram 上分享丰富的旅游经历和个人成长心得，帮助人们建立一个更觉醒的新世界。

文 / 张小马

男人大于吃肉

2016 年 11 月，当《世界和平饮食》（The World Peace Diet）一书的作者威尔·塔特尔博士（Dr. Will Tuttle）在北京进行巡回演讲时，我忍不住也读起他的这本著作来。书中所提到的“畜牧文化”令我印象深刻。

大约在 1 万年前，当居住在伊拉克东北部库尔德丘陵地带的游牧部落开始驯养绵羊的时候，畜牧文化在人类历史上拉开了帷幕。从那时起，食物、财富、保障、权力和名望都需要通过圈养、控制、屠杀动物来获得。为了拥有这一切，生理上更加强壮的男人们不得不通过征战、掠夺来获得更多的动物和土地。在这一系列的活动中，暴力、争夺、统治、霸权成为了核心，男人也自然而然地被要求成为“骁勇善战、心如铁石的战士”。

时至今日，这种畜牧文化依然在我们的思想中岿然不动——我们仍然需要凌驾于弱小生命之上才能彰显自己的强悍和勇猛。虽然我们早已不用去骑马打仗、射杀捕猎，但这种根深蒂固的观念却在人们的饮食方式中得到了最大化的放纵。

“大口吃肉”似乎成为了每一个试图表现自己强壮且优越的男人最津津乐道的标签，就好像他们一出生，就为自己一生的饮食和生活做了最清醒的选择一样。这种“清醒的选择”不仅让动物和环境都遭到了伤害和破坏，更是让男人自己天性中的同情心、慈悲心、温柔心和爱心被大大压抑了。而这些品质才恰恰是人性中最耀眼的光辉。

很多人告诉我，“大口吃肉”是他们最自由的个人选择，之所以这么选择，是因为这也是人类祖先留下的最棒的传统。然而事实是，没有什么传统或者习惯值得人们去盲目跟从，尽管它足够古老或权威。这里也存在着一个悖论，那就是——如果是传统，是否就证明其实他们从来就没有进行过真正自由的选择？

值得庆幸的是，在“畜牧文化”持续深入人心的当下，有些人并没有随波逐流，因为他们清楚地知道，在这个世界上仍然有真正自由的选择和更加诚实的生活。即便这些人看起来就像某些哲学家那样不容易被理解，但就如同梭罗在《瓦尔登湖》一书中所说的：“哲学家是领先于他的时代的。他进食、居住、穿衣和取暖的方式并不像和他同时代的人。一个人既然成为哲学家，他用以维持生命热量的方式怎能不比其他人高明呢？”

男人大于吃肉，不大口吃肉。真正强悍的男人不需要用欺凌弱小的方式来证明自己的伟大。相反，那些真正强壮勇敢的人，都将会用爱和慈悲去善待和拥抱生命。或许我们永远无法选择怎么生、怎么死，但是在生与死的距离之间，我们却永远可以决定怎么爱、怎么活。

CONTENTS

目录

注：食草男，网络用语，指吃素的男子。

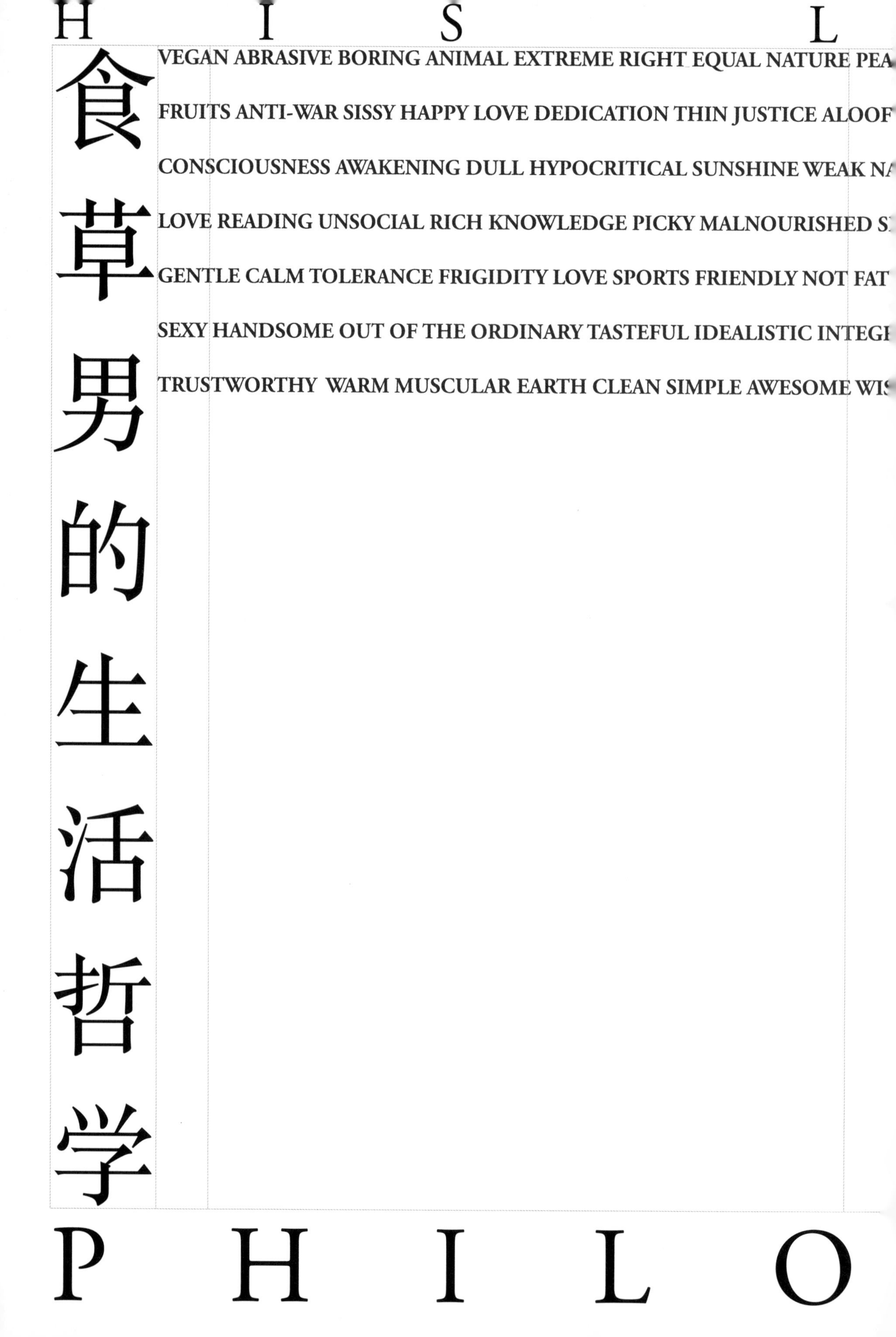
H I S L
食草男的生活哲学
VEGAN ABRASIVE BORING ANIMAL EXTREME RIGHT EQUAL NATURE PEA
FRUITS ANTI-WAR SISSY HAPPY LOVE DEDICATION THIN JUSTICE ALOOF
CONSCIOUSNESS AWAKENING DULL HYPOCRITICAL SUNSHINE WEAK NA
LOVE READING UNSOCIAL RICH KNOWLEDGE PICKY MALNOURISHED S
GENTLE CALM TOLERANCE FRIGIDITY LOVE SPORTS FRIENDLY NOT FAT
SEXY HANDSOME OUT OF THE ORDINARY TASTEFUL IDEALISTIC INTEGI
TRUSTWORTHY WARM MUSCULAR EARTH CLEAN SIMPLE AWESOME WIS
P H I L O

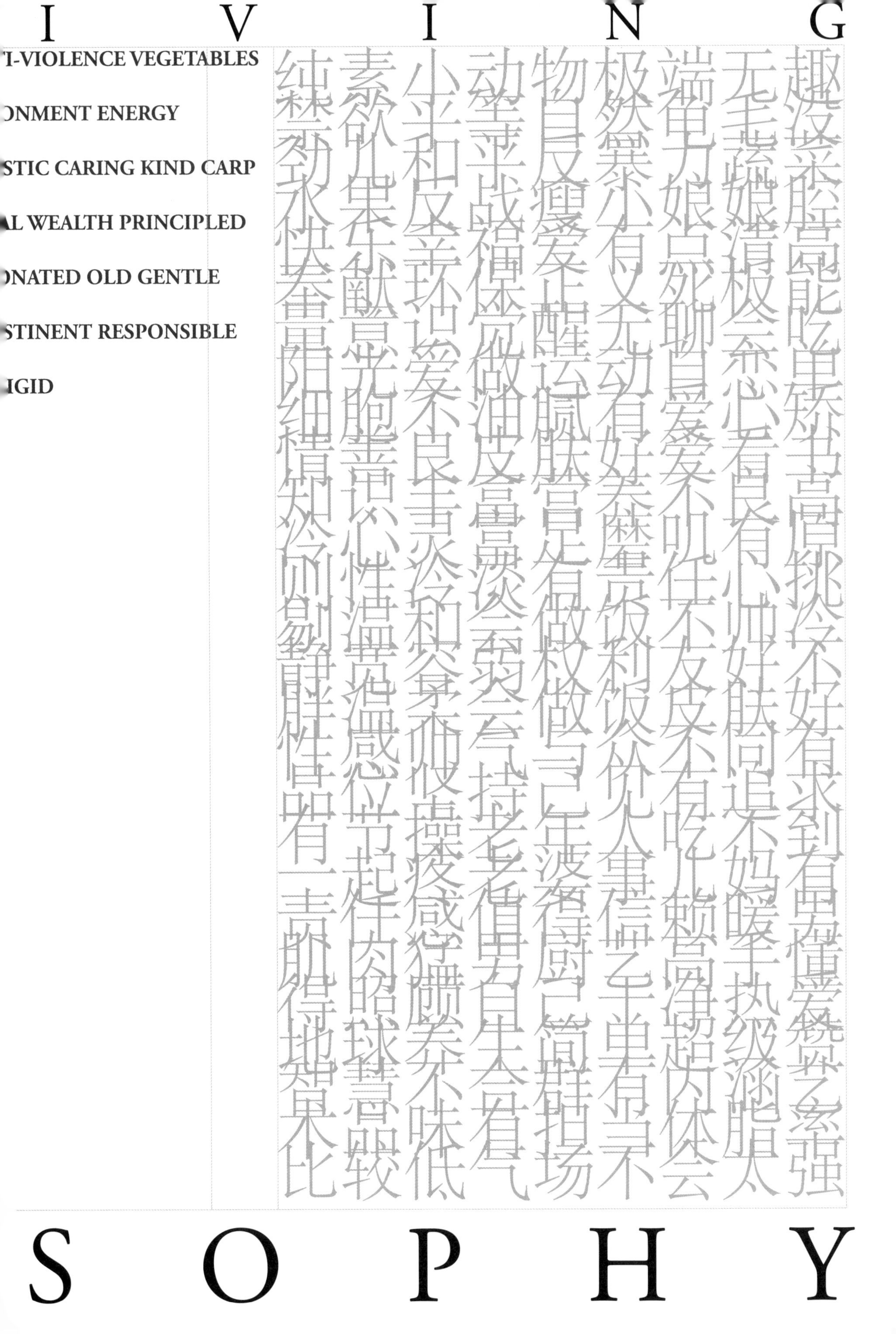
I V I N G
I-VIOLENCE VEGETABLES
ONMENT ENERGY
STIC CARING KIND CARP
AL WEALTH PRINCIPLED
ONATED OLD GENTLE
STINENT RESPONSIBLE
IGID
S O P H Y

食草男！崛起

编辑 & 采访 / 张小马

王雁林：
腾讯“大家”签约作家，《男人装》前副主编

李樵：
知名摄影师，二环里摄影创始人

何铭：
德国留学生，中国人民大学国际关系专业博士研究生

Submarine：
国内某知名体育公司高级副总裁

刘鑫：
行走在路上的厨师，北京怡亨酒店前行政总厨

张： 这里是“糙米”第二期《食草男！崛起》特辑，把大家拉到一起就是打算聊一聊“食草男”这个话题。说起来，你们身边到底有没有食草男？他们在你们的心中都是什么形象？

S： 我身边倒是有好几个食草男，他们的各类感官的确都会更敏锐一些，也相对体贴一点儿，感性、黏糊糊的，也都挺禁骂的。我觉得是因为他们老饿吧？对于身处困境的人比较容易感同身受。

张： 挺禁骂的可还行……

李： 我有一个一起玩儿音乐长大的朋友，就是吃炸酱面的时候他要吃鸡蛋酱的。

刘： 食草男的要求特别苛刻，有追求完美的要求。

张： 这倒是，曾经采访的素食大厨都是这个路数。

王： 我身边的人全不是省油的灯，没有一个吃素的！但是食草男给我的印象绝对是瘦、弱、“娘炮”！

何： “娘炮”和饮食习惯没有半毛钱关系！我有几个吃素的朋友，他们更会照顾自己的身体，也更重视环境和动物，有点儿像真人版的超人。

王： 得了吧，吃素的人给别人的第一印象就是温婉柔弱，所以就会觉得“娘炮”啊。

刘： 确实会有这样的现象，但应该不是所有人都很“娘炮”。

李： 我也觉得饮食习惯和“娘炮”没关系，但是素食对身体其实不是很好。

何： 可是他们觉得吃素对身体好啊，还可以减肥。

张：呃，所以你们都觉得，他们吃素只是为了减肥吗？

何：这个原因当然并不深刻，有些人是因为看到动物被宰杀，对此感到很残忍吧？

李：可能有种种原因，比如为了纪念死去的宠物。

S：我觉得他们应该是做了特别对不起别人的事，需要自省。

王：宗教信仰或生活习惯吧。

刘：身体、信仰、爱好都有关系。不过我并不喜欢天天吃素。

张：是因为觉得吃素太无聊了吗？比如大家总喜欢把食草男和无趣、禁欲联系起来。

王：差不多吧。反正会联想到宗教信仰。

张：如果让你们和食草男一起生活，你们觉得自己能受得了吗？

王：完全不行！ S：绝对不能！

何：呃，可不可以跟食草女一起生活？

李：啊？受得了啊，我怎么觉得没有任何不能忍受的。你们最不能忍受他们什么啊？

王：就是和他一起生活、同住同吃啊！

何：我最不能忍受的是他们传教的行为或者喜欢占据道德高点上的习惯。

刘：一个字儿：装！

S：不能一起喝啤酒吃羊肉串儿，没办法创造交心的环境。

就在此时，大家争论不休，乱作一团。

张：这话我接不下去了，而且我似乎感受到了对食草男赤裸裸的排挤和些许小误解。其实，“糙米”采访了8位从事不同职业且性格迥异的食草男，他们可能代表了大多数食草男的价值观和生活哲学。听一听他们的故事和感悟，或许可以让我们从一个新的视角出发，去探索一个从未被注视的平行宇宙。

张小马

王雁林

李樵

何铭

Submarine

刘鑫

多次获得世界级跑酷比赛冠军，徒手攀爬过世界各地的建筑，在无数陡峭的岩石壁上单手倒立，Timothy Shieff 就是一个传奇。当他还是一个小男孩的时候，他便总是幻想能像蜘蛛侠一样攀岩走壁，这是他从少年时就想干的事。他从 16 岁起开始跑酷，长大后的 Tim 终于实现了自己的心愿，并以他自己的方式行走于城市高楼之间。

“每次在高空中训练时，我都会不断地告诉自己一定可以做到，这份信心帮助我战胜一个又一个的极限挑战。”Tim 谈到他在威廉斯堡大桥倒立时说道，“看到纽约这座大桥的时候，我脑子里只有一个声音，那就是我要爬上去，征服它。我从来不给自己很多时间犹豫，完全遵从心的呼唤，想做什么就去做吧，不要给自己的人生设限。”

Tim 最出名的一组跑酷照片，是他全身赤裸地飞跃于伦敦市区，徒手支撑天台、桥边单手倒立、塔尖直立平衡……每一个动作的背后都是生或死的惊险抉择，连随行摄影师都有些担心，那些被认为是不可能的动作，Tim 全部超水准完成。而此举却是 Tim 为了给英国顶级大厨杰米·奥利弗（Jamie Oliver）的蔬食项目筹款。

因为除了被大众定义为“跑酷者”，Tim 还热心于宣传素食、动物权益与环境保护。在 2014 年伦敦气候变暖抗议游行中，他选择在空中抗议，Tim 戴着“V”字形面具，在高楼中穿梭跳跃，“许多人关注自己的健康，却对全球气候问题视而不见。”Tim 所做的，便是通过吸引眼球的跑酷，让大家看到关键问题所在。

Tim 决定吃素源于和朋友的一个赌约。曾经在拍摄一段广告时，他和一位素食朋友打赌，说自己能坚持一星期纯素，还发了一条“推文”呼吁大家监督，有位粉丝看到后，建议他去看动物权益行动家加里·尤乐夫斯基（Gary Yourofsky）的演讲视频。Tim 到现在都觉得自己开始吃素是个奇妙的巧合，“我每天会收到大量留言和评论，那天在无数粉丝留言里，我唯独看到了这条推荐！”自从看过加里的演讲视频，Tim 便开始坚定不移地在素食路上越跑越远了。

Timothy Shieff
向着自由奔跑的人

文 / 小范 图 /Timothy Shieff 提供

©Johnny Budden

Tim 是一位天生的跑者，除了热爱跑酷，他也热爱马拉松。他曾经连续跑了 12 小时，完成了在英国举办的一场 100 公里超长马拉松挑战赛。赛后不少人以为他是职业马拉松选手，一问才知道 Tim 才刚开始训练，甚至连一年都不到。但是 Tim 对此却不以为然，“只要你有动力、有激情，人类身体的适应能力其实非常强。”对于很多半途而废的人，Tim 认为他们只是没找到正确的努力方向，而让 Tim 坚持跑下去的理由便是“素食的力量”。

为了传播“素食的力量”，Tim 还创立了个人的 YouTube 频道“Timothy”，分享自己的日常训练和一日三餐，也时不时地为人们答疑解惑。Tim 很喜欢“潜移默化”这一表达，强迫他人改变生活习惯几乎是不可能的，但在网络上展示一个自信、健康、勇往直前的正面形象却可以更容易鼓励更多年轻人去尝试素食，并关注动物和环境。“我希望能借社交网络的热度，让更多人接触素食。要是我每天只发有关动物保护的图片，肯定没多少人愿意关注我，但如果发 5 张健身和美食的照片，再发 1 篇动物或环境的文章，效果就完全不一样啦！”

智慧在于明白自己的渺小，而爱则让人拥有整个世界，而两者间的那个平衡点，就是 Tim 的生活。

PARKOURPAR
PARK
PARK
PARK
PARK
PARK
PARK
PARKOURPAR
PARKOURPAR
©Johnny Budden

OURPARKOUR

KOUR

KOUR

KOUR

KOUR

KOUR

KOUR

OURPARKOUR

OURPARKOUR

©Johnny Budden

访

糙米 × Tim Shieff

你从这么多年的跑酷中学到了什么

?

跑酷让我学会了聆听身体的需要，让我更深刻地了解我自己。我在尊重我身体的同时，会不断挑战自我，突破一个又一个的极限。跑酷让我看到人的意志力原来有那么大的力量。当我跑酷时，脑子里有两股声音交织，一个让我害怕，让我犹豫不前，一个又在鼓励我；而当信念战胜恐惧之后，你会发现你的灵魂有了新的升华，这个成功能带给你不一样的巨大正能量。

你赢得了那么多次跑酷冠军，为什么决定不再参加跑酷比赛了呢

?

跑酷是一门主观艺术，难以用客观的比赛分数来衡量。我跑酷是出于热爱，而不是为了争个输赢，我也没有过去那种“一定要拿第一”的执念了。

你喝一杯 Smoothie 会加 8 根香蕉，是真的吗

?!?!?!?!?!?!?!?!

哈哈，对，有人“吐槽”我是大猩猩。吃素后我吃得更多了，不过我毫不担心发胖，因为我吃的都是健康食物，这些食物是我的能量。

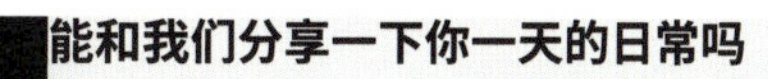

能和我们分享一下你一天的日常吗

我一般 8:30 左右起床，喝一大杯水，再慢悠悠地做一个多小时的瑜伽，瑜伽让我内心平静，让我可以头脑清醒地开始新的一天。中午的时候，我会做超大杯的 Smoothie，通常会加入 8～9 根冻香蕉；稍作休整，我会去野外练习攀岩或跑酷，和朋友一起的训练时光总是过得飞快，哈哈。运动后，我会吃大量水果补水，比如西瓜、芒果或雪梨，偶尔饿得厉害的话，我会烤两片牛油果吐司。太阳落山后，我会一个人游泳或者慢跑，戴上耳机享受一个人独处的时光；晚餐是我一天吃得最丰盛的时候，会有大量健康的碳水化合物和蛋白质，比如红薯、糙米饭，以及各种豆子和豆腐。

许多健身爱好者都喜欢“高蛋白饮食”，你也遵循这种饮食方式吗

我从不固定吃任何一种食物，想吃什么就吃什么。想想自然界的动物，他们从来不知道“高蛋白”、“低脂”是什么，但他们某种程度上却比我们人类更健康！反观我们，花费大量时间精力在食物研发上，却依然饱受各种疾病困扰，所以我从不限制自己的饮食，只要是新鲜、多样和均衡的就可以。

如果让你用一个词重新定义“素”，你会如何定义

革命。素食是人类的下一场革命，我立志要做这场革命的引领者！

对健身的朋友们，你有什么好建议吗

很多人都会陷入“平台期”，觉得再怎么加大训练量都无法得到更好的效果，我认为这时候可以考虑调整饮食；如果你还不是素食，可以试试 30 天纯素挑战，相信我，你会爱上素食！

James Aspey

文 / 张小马 图 /James Aspey 提供

364

你是否尝试过一天之内不说话呢？假设我们都无法说话，当我们想要表达情感或需求时，外界却听不到我们的声音，我们是否会感到无助或难过呢？有一个群体，每时每刻都在经历这样的感受，这个群体就是与我们的生活时刻相关，却总被无视的——动物。

365 天不说话，只为不能发声的朋友

为了让动物们得到应有的关注，澳大利亚的年轻小伙子 James Aspey 在 2014 年做出了一个一年拒绝说话的承诺——“无言 365”(Voiceless365)。

James 最初获得“无言 365”这个灵感，是在一次内观禅修的沉默冥想灵修课程中，课程为期 10 天，每天持续冥想 11 小时。当课程进行到第五天时，他想“哇，我第一次这么长时间没有说话！我究竟能做到多长时间不说话？想象一下一年的时间，这该有多困难啊？不过，这将会是一个很有效的途径，可以唤起人们保护动物的意识，推动和平，反对暴力。”

下定决心后，James 开始在澳大利亚境内四处旅行、撰写博客，他从达尔文市出发，骑行了 5000 千米最终到达悉尼。

在这个行动中，James 感到平时最简单的与人沟通都变得十分困难，他不得不用肢体语言去向人们表达自己的想法或诉求。不过也因此让他有了很多向人们传达素食生活和关爱动物的机会。

最让他难以忘怀的一段经历是他花了 6 周的时间，在一家动物解救农场照顾一只头部曾遭受过打击、喉咙也被割断过的牛宝宝。

在此之前的很长一段时间里，James 一直觉得人类和动物是要分开来看的，然而通过与这只牛宝宝的相处，James 渐渐发现，动物远比我们想象的要更加需要得到重视与赞美。“动物不是‘某种东西’，他们和人类一样是有灵魂和生命的个体，是‘某个人’，他们也有心灵、头脑、朋友和家庭，他们也有想法和愿望。当他们用纯净清澈的眼睛望着你时，那背后也在述说着故事。”

的确，动物们并不是沉默的。他们也会因疼痛而哭泣，因恐惧而嘶喊，而当他们这么做的时候是在告诉我们，此时的他们正经历着痛苦。但问题是，我们并没有在听，因为他们有的是翅膀而不是手臂，他们有的是皮毛、鳞片而不是皮肤……他们是不同的物种，所以我们并不会认真对待他们的痛苦。

“我们总说我们爱动物、反对动物虐待，但我们还是会付钱给那些残害、虐待和屠杀动物的人。我们消费动物制品并不是因为这样真的对我们有好处，而仅仅是因为我们喜欢肉食的味道或者皮制品的触感，但这些全都是没有必要的。”

动物就是我们人类在这个星球上的邻居，他们是我们人类的朋友，与我们共同经历着地球的辉煌与苦难，他们的生死同样关乎我们人类自己。正如我们也愿意被公平同等对待那样，只有当他们得到了尊重，真正的公正才得以实现。

糙米 ×James Aspey

访

你自己是什么原因开始
变成食草男的呢？

最初，我是出于健康原因，而当时只是戒掉了肉，我认为这已经足够好了。在做了更多的调查后，我了解到动物们不仅仅是因为他们能提供肉制品而被囚禁、虐待和杀害，而是因为人类的欲望——饮食、娱乐、服饰和实验。这些都是不应该发生的！所以，我开始了纯素饮食的生活，这与自己向往和平、公正和尊重的价值观保持一致，这也是唯一的方式。

你对食草男的定义是什么？

食草男是保护地球上无辜弱小生命的正义勇士。

很多人都觉得男人意味着权利、金钱，那你对“男人”的定义是什么呢？

对我来说，男人应该是一种模范。他要说到做到、言行一致，是一个正直、自尊自爱，也同样尊重其他人的保卫者。

你认为生命中最重要的事情是什么？

减少对其他生命的伤害，促进和平，并且也相互尊重，就像我们自己也想得到别人的尊重那样。

在你传播保护动物的每一天里，遇到的最困难的事情是什么？

每一天都要去面对我们人类对动物们做出的残忍伤害。

如果你只能用一句话来向大家推荐纯素的生活方式，你会说什么？

成为纯素者比你想象的要简单得多，并且还可以获得数不尽的好处，这是你能为自己做的最好的事情，你的健康状况会变好，还可以保护环境和动物，促进和平！

你有没有因为自己变成了食草男而受到质疑？你会作何反应呢？

当然有！太多太多的人质疑他们并不理解的事情。我只能耐心地解答他们的疑问，并时刻提醒自己一开始我也不理解为什么很多人要吃素。

你有什么建议可以提供给那些想要成为纯素主义者，但却又没有下定决心的人吗？

不要再犹豫了，行动起来，对自己作一个承诺。一旦你选择了纯素的生活方式，你便等于选择了和平、善良、公正和尊重。现在网络上有那么多的资源，我建议你去看一下以下这些纪录片：《地球公民》(Earthlings)、《餐叉胜于手术刀》(Forks Over Knives)、《奶牛阴谋》(Cowspiracy)、《成为素食者的 101 个理由》(101 Reasons to Go Vegan)。

如果有一天世界上再没有动物受苦，你也不需要劝人吃素保护动物了，那你要做些什么呢？

我可能会继续帮助需要帮助的人吧。不过如果一切都那么美好，我会去跳霹雳舞、冲浪和滑雪！

高嶋綾也

枫糖小哥

和平从我们的饮食开始

如果你对怎么把食物做得好看又好吃非常感兴趣，那么我会推荐你花上七八分钟的时间，去 YouTube 上看一下名为 Peaceful Cuisine 的美食视频。在视频中，你听不到任何喧闹的音乐或嘈杂的人声，取而代之的只有食物碰撞发出的声音，戴上耳机，你就会享受其中，这真的是名副其实的“耳骚料理”。

Peaceful Cuisine 的创始人高嶋綾也，10 年前还是个脸上满是痘痘的杂食者，但现在他被称作是 YouTube 上最棒的素食博主之一，并已经拥有了 100 万粉丝，同时也当仁不让地成为了一位很出众的食草男代表者。

刚开始吃素的时候，高嶋就开始写博客，他会在自己的网站上分享很多纯素的食谱和图片。2011 年，YouTube 慢慢变成了一个大型的线上分享型社区，虽然这里时时刻刻都有很多人分享各种各样的视频，但却没有人分享有关素食的内容，而高嶋说自己最喜欢的就是做还没人开始做的事。于是他开始拍摄素食食谱视频，没想到这样一拍就是好几年。

泡菜、饺子、面包、蛋糕、饼干、冰淇淋、披萨……日式的、中式的、意式的、泰式的、印度的……好像没有他不会做的食物。

之前我很好奇，为什么他的每道食谱都那么棒？是不是得有个团队才能拍摄出来？后来在采访的时候才知道，原来都是他一个人搞定的！他轻松地说拍摄对他来说没有任何难度，因为摄影是他的一大爱好。

文 / 星星包 图 / 高嶋綾也

平和は私たちの食生活から始まります

除了素食，他的视频里还会分享他到各地旅行的游记，他 DIY 的各种木质盘子和陶瓷杯子，甚至还有他自己装修厨房过程的全记录，简直是把素食生活过得丰富有趣。

“我看过你的视频。”

“我用你的食谱做过豆腐！”

“我是因为看了你的视频和分享才开始变成素食者的。”

高嶋外出的时候，经常会遇到粉丝和他说这些话，而这一切都让他感到特别开心。“我相信食物有改变人们心理的作用。我虽然知道素食的意义和好处，但我从来不想对别人说‘你不要吃肉’。我想让大家知道其实还有一种有趣、快乐并且简单地摄取食物的方法，可以让你更健康。如果用 Vegan（纯素）这个词会让人觉得太有棱角，感觉将大家分成了两群人！”

他不想将纯素的生活方式强加于别人，他想用一种更轻松的方式来告诉每个人有关食物的美好以及素食的乐趣。这也是为什么他的视频里并没有明显的素食标签，而是用 Peaceful Cuisine 的原因。

“我觉得现在我的任务是，让更多人了解纯素生活对于和平的重要性，和平是你我都在追求的！你可以说这是我的热情所在，但对我而言这更像是一种责任，去分享我所知道的一切，因此别人也会看到如果接受素食生活，原来可以如此丰富和精彩！”

在他的网站上还有这样一段话

Eat foods that are good for all people,all creatures and the environment. World peace through the good choices we make.

吃对人类、对所有生灵和对环境好的食物。
通过我们每一个善的选择，创造世界的和平。

糙米
×
高嶋綾也

访

是什么原因让你开始吃素的呢?

23 岁的时候，我读了《新世纪饮食》（Diet For A New America），通过这本书，我知道了畜牧业对于环境的污染。“如果想要让我们的环境变好，我们可以从改变饮食开始”，书里的这句话对我产生了很大的影响。除此之外，养殖动物所造成的资源浪费、环境污染等问题，动物权益需要得到保护的问题，都是我开始素食的原因。当然我也希望自己的身体可以更健康。

决定吃素之后你觉得最困难的事是什么?

说真的，吃素这个决定对我来说没有任何困难。在我 23 岁的时候我的思想完全改变，并且我也不会再用或者吃任何动物性的东西。

对你来说食草男最大的好处是什么?

最大的好处就是你可以很容易地拥有健康的身体。不过成为素食者后你还是要注意每天的饮食，如果你还是继续喝可乐、吃炸薯条，那你也不会因为你是素食者而变得健康。

很多人觉得食草男会显得很弱，你怎么看呢 ?

说实话，在日本有些素食的男生的确很瘦，看上去是有点柔弱。但是，如果一个人没有非常强大的意志力，是不可能成为一个素食者的，这绝不是一件简单的事情。

对于“真正的男人”，你是怎么诠释的?

他必须爱他自己，一个人如果不爱自己他也一定没有办法爱别人。这对于素食者来说也是。

你是从什么时候开始学做美食的呢?

差不多是在 20 岁，我去澳大利亚的时候，要一个人住在那里，我不得不给自己做饭。不过在那个时候我也是一家餐厅的主厨助理，在那里我学到了很多烹饪的知识。

可以和我们分享一下你心目中的烹饪偶像吗?

说实话我没有特别的烹饪偶像，但是我自己很想成为素食界的 Jamie Oliver。我很喜欢他的烹饪节目以及他对于人们食物的教育。我很希望自己可以在日本做类似的事情。

在你心中的和平世界是什么样子的？

我希望在自己死之前能够看到一个外出不用锁门、没有法律和监狱的社会，在那里人们用爱和善良来解决所有的问题。这是我对“和平”的所有解释。

除了做美食，你还有什么爱好？

骑行和跑步是我喜欢的运动，每周我要健身 4～5 次，我喜欢健身，因为它可以让我的头脑和身体都保持清醒。我还喜欢拍延时摄影、旅行和 DIY。两年前我还学习了拉大提琴，真的很享受其中。

你最爱的食物是什么呢？

咖喱，绝对是咖喱。

在日本你有什么推荐的素食餐厅吗？

チェンフー，菜色健美，キッチンオハナ，食堂ペイス，BROWN RICE，这几家都很不错，可以去试试。

早餐你会吃什么？可以给我们分享你的食谱吗？

我几乎每天的早餐都会吃燕麦。

10g 巴旦木、20g 腰果、270ml 水、60g 生燕麦、1 根香蕉

做法：

1. 用巴旦木和腰果制作坚果奶；
2. 把坚果奶和生燕麦放在小锅中，加热煮熟；
3. 燕麦盛在碗中，香蕉切片放在燕麦上即可。

Jay d'Engle

文/小范 图/Jay d'Engle

练就魔鬼身材不靠吃肉

出生在南非，没有去过一天学校的 Jay d'Engle 从小接受家庭教育，16 岁就离家学习跳舞，每天要在练功房待上十几个小时，18 岁就成为南非最年轻的国际拉丁舞资格认证老师，紧接着便拥有了自己的舞蹈工作室。闲不下来的 Jay 突发奇想，潜心学习帆船，竟在一次年度帆船比赛中为南非摘得 27 块金牌。后来 Jay 漂洋过海来到中国上海，又创立了 J-Fit 健身项目，成为了人们眼中的“魔鬼教练”，也因为拥有如此健美有型的身材被各大杂志和广告媒体捧为模特宠儿。

但如果你以为他这么健美有型的身材是靠鸡胸肉和乳清粉堆起来的，那就大错特错了！从出生就对肉食过敏的 Jay，8 岁时又被医生确诊为对牛奶等乳制品不耐受，可以说他这辈子都没碰过动物食品。饮食上的“限制”丝毫没有影响他的生活，相反，践行纯素生活方式的他，运动表现更棒了。

可能很多人都认为，纯素饮食和运动健身似乎是风马牛不相及的两件事，怎么可能扯到一起？尽管越来越多的人开始注重健身和运动，但却很少有健身爱好者愿意尝试素食。为了打破这个传统观点，并把更健康的生活方式传递给更多人，Jay 建立了名为 J-Fit 的健身项目。

Jay 踏入健身界的初衷绝非马甲线和八块腹肌，但他那副让许多人“可望不可及”的身材却成了最有说服力的招牌。Jay 有一位无肉不欢的朋友，曾开玩笑说吃素对他来说是绝不可能的事情，Jay 只是对朋友说：“为什么不尝试一下呢，说不定你会喜欢上的！”两周后，这位朋友告诉他：“Jay，请为我制订一份纯素食谱吧，我想要增肌，练出像你一样的好身材，一样的健康。”

J-Fit 并不是一个单纯帮助学员增肌或减脂的项目，Jay 把 J-Fit 定位为一个宣传“纯素与健康生活”的可持续课程。浏览 J-Fit 的课程表，除了私人订制的训练课程外，还有素食备餐、生机饮食工作坊、团队建设、情绪管理等各式各样的分项，Jay 教给学员的早已超越了一位健身教练的授课范围，“减重可能只是三个月的事，但健康的生活方式却是一辈子的约定”。没课的时候，Jay 也喜欢泡在健身房，他十分享受运动时心跳加速的感觉，还能顺带作其他学员的榜样。“很多时候劝别人吃素并不能改变他的生活；相比之下，向他们展示什么才是真正健康的生活，再帮他们改变饮食结构会容易很多，因为传播理念的方式有时候比理念本身更重要。”

俗话说健身是三分练、七分吃。准备营养的健身餐已经让很多人望而却步了，一想到素食健身餐就更是头疼了。但 Jay 从不觉得麻烦，他很喜欢亲自下厨烹饪所带来的享受。实际上，这个热爱美食的金牛男，从 3 岁开始就自学烹饪了，14 岁的时候就能为全家人制作美味的晚餐，还曾在南非举办过“纯素烹饪之夜”的美食活动。来到上海后的 Jay 还经常拉上他的中国朋友研究如何做出更好吃、更健康的中式炒菜。

尽管让 Jay 吃素的首要原因是个人健康，但他对自己的纯素选择丝毫没有怀疑过。

他身上的七字文身代表着他的人生格言：爱、健康、忠实、诚实、和平、尊重、舞蹈。当他把手臂合拢在一起，便可以看出那图案其实是“Protect 衆生”（保护众生）——Jay 试图保护他的家人、朋友以及地球生灵。

Protect

衆生

Love
Health
Loyalty
Honesty
Peace
Respect
Dance

Jay 是一名不折不扣的纯素主义者，但他却从不喜欢评价别人，更不喜欢用是否吃素作为交友的准则。“吃素不是阻碍你社交的借口，如果你觉得自己没有朋友，那只是你没有交对朋友而已。我尊重每一个人的选择，饮食无法完全定义一个人。每个人都有不同的信仰，不管我认不认同，我都会尊重对方，绝不会因吃素而去排斥，强迫任何人为自己做出改变。但是如果作为我女朋友的话，那就绝对不能吃肉了，理由很简单，因为我会过敏！”

大多数人吃素是为了保护环境和地球上的其他生灵，而你则有点不一样，假设你从小对动物制品不过敏的话，还会坚持吃素吗？

尊重生命、保护环境是我生命中最重要的事情之一，我其实是个非常固执的人，一旦认定一条路就会坚定走到底，我从未怀疑过吃素这个决定，也绝不会中途放弃。

访

吃素真的会让身体状况变得很好吗？

很多人觉得吃素后身体状况一定会变好，事实上这取决于你每天吃什么，如果搭配均衡有营养，那么吃素能提高你身体的新陈代谢，加快脂肪燃烧，这也将帮助身体把食物转化为能量。长期不吃蛋奶和其他精加工食品也能改善身体状况。我还建议偶尔试试生食，正确的生食饮食能提高免疫力，让身体少生病。

对素食且健身的人来说，怎么吃比较好呢？

吃够吃好！确保每日卡路里摄入达标。事实上，素食者的健身餐和传统的没什么区别，还要记得时刻关注你的饮食，碳水化合物、脂肪和蛋白质三者缺一不可，食物是你健身的动力来源。

你是怎么想到创立 J-Fit 健身项目的？未来又有什么计划？

我希望能在一个过度关注自己的行业里教会大家分享，我想要把健康的生活方式带给其他人，让更多人练就好身材的同时，也练出一颗坚定强大的内心。在 J-Fit，我是公认的“魔鬼教练”，训练起来严要求高标准，除了健身，我还会教他们一生适用的生活方式。同时我也想在尊重个人选择的基础上尽可能地推广素食。未来我想要改变更多人，就算只有 1% 的人愿意改变，那么也能改变世界。

你最喜欢的食物是什么？

我不挑食，因为我经常进行高强度训练，每天至少要吃八顿饭，如果一定要选最爱吃的食物，我选青豆咖喱。

你觉得什么才是人生的意义所在？

享受当下才是人生意义所在。如果我感到低落，唯一一件能让我开心起来的事就是我还活着，我活着，然后呢？慢慢地，我就会发现其实还有很多很多积极的事情等着我。

你会觉得吃素的男人更有魅力吗？

一个人真正的魅力来源于他本身，在我看来，一个男人如果对女性不够绅士，那么吃素并不能成为他的加分项。

你想对还没有选择素食的人说什么？

我相信知识是健康的关键，如果你有足够的知识，你就会做出那个对你的健康和生活最有益的决定。你可以从纯素饮食中得到足够的营养和蛋白质以及更多的好处。只有你自己可以聆听自己的身体，你的身体会告诉你一切。

练 就 魔 鬼 身 材 不 靠 吃 肉

文/张于惠子 图/朱信宗提供

朱信宗 打开生命的能见度让世界变温柔

曾做过职业篮球运动员和球队主力的中国台湾地区演员朱信宗，初次接触他便会给人一种温柔谦和的感觉，深接触就会发现他不仅温和而且健谈，给他人舒服的感觉。也许这就是素食带给人的积极气场——当你温柔对待世界的时候，世界也会给你温柔的反馈。

朱信宗初次接触素食是在大学三年级的时候，球队的教练一开始很是担心，怕纯素食会给他造成营养不良，进而影响他的身体素质和球场上的表现，不准许他吃纯素食，甚至还一度打电话给他的家人，希望可以劝导朱信宗吃肉食。“但是我还是坚持吃素，而且用行动和场上实力说明吃素并不会影响我的表现。素食让我能够更深入地与身体对话连接，更有信心和体力，心态也变得更好、更积极。”

结果证明他的坚持是对的，朱信宗不但是球队里的得分王，还因为优秀的表现被体育台特别专访报道，后来教练也欣然接受他吃素这件事了。这次经历给了朱信宗更坚定的信心，并且也坚定了吃素要先从自己做起，然后慢慢影响身边人的想法。

对于朱信宗来说，动物的生命同人类的生命一样珍贵，一同生活在地球上，他们也有平等的生存权，人类不应该因为口欲之欢而剥夺其他物种的生存权。怀着一种善念，朱信宗与哥哥一起创办了 SOUL R. VEGAN CAFÉ 灵魂餐厅，用健康美味的纯素食影响着台湾地区向往素食的健康群体。

为了让大家感受到素食的魅力，朱信宗很用心地把欧洲时尚年轻的 Loft 工业风和自己的素食餐厅结合了起来，在哥哥的带领下，他亲自粉刷了整间餐厅的墙壁，更亲自一件一件挑选适合餐厅的装饰、摆件和餐具。

素食是一种积极的正能量，朱信宗相信真正开始接触素食的朋友一定能够通过素食感受到与地球真正的连接。“有时候我会和朋友在自己的餐厅聚餐，他们会惊呼原来素食的口味这么丰富，完全不输荤食，于是慢慢在我的影响下，他们也开始尝试素食，这是一种很好的良性开始与体验。希望更多人能成为素食者，一起过健康轻盈的纯素生活，这也是我创办这家素食餐厅的初衷。”

素食让朱信宗更知道食之滋味，餐桌上不再有以生命为代价的食物，尊重生命换来的是一种灵魂的平静与温柔，为人处事更加平和。心态平和了，世界也跟着温柔起来。

访

/你觉得素食给你带来的最大的好处是什么？

应该是从内而外的精神饱满。以前内心很容易浮躁、不平和，自从开始吃素，可以明显感觉到自己内心比以前更加平静，同时身心也更健康了。素食也让我获得更纯粹的快乐，那种快乐是自内而外、发自肺腑的。

/作为一名演员，素食有没有对你造成什么不方便的影响？

以前会觉得吃素对于演员这个职业来说很不方便，但现在吃素的演员也越来越多了。很多时候拍戏都需要熬夜，营养搭配合理的素食完全能够让我保持充沛的体力和更好的精神状态。演员就是一种展现精神面貌的职业，素食带给我的这种积极正向的精神气质，也许会影响到很多人，这也是我乐意看到的。

/很多人都觉得食草男会很柔弱，你怎么看？

很多人对素食还存在误解，认为素食会让身体变得孱弱，其实世界上很多伟大的职业运动员都是吃素食的，例如拳王阿里，美国职业棒球联盟史上最伟大的运动员之一汉克·阿伦。所以素食不仅不会让体质变弱，还能赋予你坚韧强壮的灵魂。

/那你觉得食草男是否意味着禁欲？有没有觉得自己和别人有什么不一样？

素食在某种程度上可以说是饮食上的禁欲，但素食者也可以活得很有趣。素食人群的生活方式其实跟平常人没什么两样，而且我也不觉得纯素生活很异类，也没有很特别，只不过是看待和对待世界的方式不同而已。

/你平时除了关注素食，还有什么其他爱好？

平常打篮球、看电影、看书、旅行。我发现，现在的我会更加关注以前生活中很容易被忽视的美好细节，能够更心平气和地与内心对话，更了解自己的真实需求，更关注人与事深层的内涵。

/你有什么想和刚刚接触素食的朋友分享的吗？

对于大部分荤食者来说，一下子改吃纯素可能没那么容易。我建议可以从一天一餐的素食开始，再慢慢根据自己身体和内心的节奏增加素食餐数，慢慢调节，循序渐进，最终达到纯素食的最佳状态。

/如果用一句话来鼓励他们，你想说什么？

Be vegan fearlessly！勇敢做纯素者吧！

Maxime Ginolin
恐怖面具背后的温柔

文 /Layla 文 图 /Jordan Dorey、Laetitia Orsini

如果说食草男都应该是一副美好少年的样子，那么当你看到 MagiCJack 的时候，一定会瞠目结舌——一个披着蒂姆·伯顿（Tim Burton）式歌特风格和洛奇恐怖秀色彩的小丑。

其实，在这个诡异形象的背后，是一个长相英俊的意法混血小伙子。而 MagiCJack 便是 Maxime Ginolin 一手创作并扮演的角色。

Maxime Ginolin 出生在法国，在摩洛哥度过了年少时光，直到 19 岁又重回法国。之后他开始学习心理学和作曲，凭借着热情，还取得了电影制作和导演的证书。

2010 年，Maxime 创作了 MagiCJack 这一人物角色，借 MagiCJack 为世界正义发声。2011 年，他的首张专辑《新时代的黎明》（Dawn of a New Age）问世，音乐灵感来自于车库音乐和部落声音，也结合了摇滚金属乐。这张专辑探讨了有关贫穷、动物灭绝、贪污腐败、银行独裁、重商集权主义、宗教和环境破坏等问题。

时隔两年，Maxime 最有代表性的影视作品《审判》（The Judgement）问世了，这不仅是他自己的里程牌，同时也让更多的人开始关注很多常常被大众忽略的社会问题。这部影片在洛杉矶 2014 年的国际动物权利大会（National Animal Rights Conference）上放映，之后又在 2015 年的世界纯素食峰会（the World Vegan Summit）上放映，反响热烈。

《审判》讲述了一名农业说客被打入地狱，并要为自己曾经的所作所为接受审判。审判官是 MagiCJack，而陪审团则是曾被伤害过的动物们的化身——实验室里的小白鼠和兔子，养殖场里的猪、牛、鸡，因过度开发而被破坏了自然家园的金刚鹦鹉等。这位名叫 David 的说客曾为主营肉类和奶制品的农业企业、军火、汽油、化工，甚至核能产业进行游说 25 年之久。而这次审判的目的则是要让他和更多人，了解到这些事业所带来的毁灭性伤害，不管是对动物、对人类，还是对环境、对地球。

在《审判》发行后，Maxime 又录制了一段名为《进化》（Evolution）的演讲，再次通过 MagiCJack，提出了一些关于降低过度消费和缓解地球破坏的可行性方案建议。

在美国的时候，Maxime 见到了纪录片《地球公民》（Earthlings）导演肖恩 · 蒙森（Shaun Monson）。于是，他们很快就决定要再制作一部全新法文版的《地球公民》，由 Maxime 担任旁白，这一版本于 2015 年发行。

尽管 Maxime 总是以 MagiCJack 恐怖诡异的形象出现，影片和音乐也是笼罩在黑暗恐怖的氛围中，但这其中对动物的关怀让人不禁感到 Maxime 恐怖面具背后的温柔和正义。他追求公正，揭露社会深层的黑暗面，传递出正面的信息。Maxime 不仅仅关注素食和动物权利，同时也传达着对更多社会问题的重视。

没有任何一个社会问题是孤立存在的，物种歧视、性别歧视和种族歧视有着异曲同工的相似，现在人们对动物的物化，正像是曾经对有色人种和女性的物化；而资本主义所奉行的消费主义催化了人们的欲望，人类对肉食的庞大需求以及对动物的冷漠造就了工厂化养殖，从而破坏了雨林和土壤，大量的农场动物催化温室效应，同时也消耗了地球上大部分的粮食，如果把喂养这些农场动物的粮食拿来喂养人类，可以大大缓解世界饥饿问题和对水资源的破坏；同时严重的浪费问题也在消耗着有限的资源，据 2016 年联合国粮农组织（FAOSTAT）统计，每年约有 13 亿吨食物被浪费，这些食物养活全球 10 亿的饥饿人口都绰绰有余。

Maxime 通过 MagiCJack 这个人物形象不断在影片中诉说着、传达着他对这些社会问题的看法，尖锐地揭露，幽默地讽刺，只为了让更多人明白，如果能全面地了解并看待这些问题和它们之间的联系，我们就更能知道自己可以怎样让世界变得更好。

糙米 ×Maxime Ginolin

访

你是在什么时候成为素食者的？

大概在 2007 年的时候，我看完纪录片《地球公民》就成为蛋奶素食者了；又过了 3 年，我看了加里·尤乐夫斯基（Gary Yourofsky）的演讲，于是就成为了严格素食者。

很多人觉得食草男会显得很弱，你怎么看呢？

这种说法是个荒谬的迷思，素食者和其他人并没有什么不同。我本人身高 184cm，体重 85kg，每周大量运动 4～5 次，一点儿也不弱。

你对“真男人”的定义是什么？有哪些关键词？

我不喜欢去谈论所谓的“真男人”，我更愿意说“真正的人”。对我来说，关键词是为了公正、平等、宽容和同理心而奋斗。还有就是去对抗种族歧视、性别歧视、恐同性恋、恐跨性别、物种歧视、贫穷、憎恨、战争和极端宗教主义。我们必须学习批判的思维。

你有没有因为自己变成了“食草男”而受到质疑？你会作何反应呢？

大多数的时候我都在被人评判。有些人很好，也很好奇我所做的事情；而有些人则是带有攻击性并且怀有很多偏见。我的反应通常是保持冷静，聆听他们的“论据”或者他们的恐惧，然后我会尽我所能，友善地并且带有一些外交手段去回答他们。

你最想对这个世界说什么？

我想说的是，暴力和憎恨不是解决问题的方法。我们需要互相帮助，传播爱、同理心、宽容心、公正、道德和批判思维。我们需要现在就终止屠杀动物并且拯救我们的星球。我们可以进化，成为很棒的物种，成为照耀其他生命的一道光。

是什么启发你创造了 MagiCJack 这个人物角色？你如何定义他？

我受到很多电影角色的启发，比如《闪电奇迹》（Powder）、《乌鸦》（The Crow）、《变相怪杰》（The Mask）、《神探飞机头》（Ace Ventura）、《V 字仇杀队》（V for vendetta）和《甲壳虫汁》（Beetlejuice）。MagiCJack 是喜欢讽刺的天外来客，有着多面性，在他自己的宇宙中进化。他具有根据自己所需改变身份、性别和形态的力量，用他的智慧和讽刺型幽默，来到地球帮助人类觉醒，并且告知人们关于我们现代社会的危机。他处理周期性反复的主题，比如政治、宗教蒙昧主义、集权主义贸易和银行系统、垃圾食品、人类和非人类动物权利、环境恶化以及科学否认者。

下一步想怎样去推广素食？

我有很多不同的音乐和电影主题是关于素食主义的。我在寻找制片人和投资者，这样我就可以进行拍摄了。

柳济琛

一个学霸的责任与使命

“使命感让我们觉得我们属于某种比自己更加重要的事物，它让我们感觉被需要，让我们觉得可以为某种更美好的事物而努力。我希望我为之努力的梦想是让无伤害、可持续的‘素生活理念’深入人心，让所有生命在人与自然和谐相处的社会中能共享绿色美好的生态环境。”

云南小伙柳济琛给人的第一印象总是温文尔雅、态度谦和，但只要一聊起与素食相关的话题，他就会立马变得热情洋溢、能言善辩，如同一个时刻燃烧着的火球，随时随地可以感受到他身躯里释放出一团团灼热的能量，强烈而迷人。

他与素食之间宿命般的缘分源于 2014 年 9 月，那时作为大学新生的柳济琛，对清华大学的生活充满期待，并有幸在第一个“百团大战”中初遇清华素食协会，不久他在参与“素协”《素食调研》后开始茹素。男生加入“素协”，很多人不太理解，但熟悉他的人都明白，他从初中时期至今最喜欢的歌曲是迈克尔·杰克逊（Michael Jackson）的《Heal The World》，歌曲中展现的世界大同的情怀和理想，与尊重生命非暴力的素食理念正好相同。

而真正让柳济琛坚持素食理念传播是源于他心中对“不伤害、可持续”价值观及生命伦理的坚持与捍卫。在他茹素期间，清华素食协会指导老师蒋劲松教授的讲座“素食之道的七个维度”让他开始思考素食背后的伦理意义。而后，他阅读迈克尔·艾伦·福克斯（Michael Allen Fox）的《深层素食主义》（Deep Vegetarianism）一书后意识到，素食看似是饮食上的小事，却涉及了一个人以怎样的态度对待自己、对待他人、对待其他物种乃至于整个地球生态。

◎ ◎ ◎

文 / 贺小清 图 / 柳济琛提供

怎样推广素食？推广怎样的素食？柳济琛说：“推广素食不是说服人们该做什么不该做什么，而是把隐藏的真相展示出来，揭露现代食物体系的环境代价、健康代价以及生命代价。中国的素食发展状况和它应该在世界上扮演的角色相比并不相称，可以说我们还有很长的道路需要行走和追赶。中国社会青年最需要的是寻找并坚持自己价值观的信心以及倾听、了解对方的意愿和能力，不是退回私人领域的‘小确幸’，而是迈入公共领域、进行公共辩谈的勇气。”

2017 年 4 月到 8 月，对柳济琛而言的确充溢着无数成长和改变。他在其探寻和开拓的高校“素托邦”之路上完成了一个漂亮的“三级跳”，进行了一次不小的跨越：

  ◎

2017 年 4 月，柳济琛和他的素友小伙伴们共同发起建立全国高校素食联盟并担任主任；

截至 2017 年 8 月，全国范围内高校素食协会发起人的数量已达 156 位，有意向发起素食协会的高校达到 77 所，已成立素食协会的数量达到 30 个；

2017 年 9 月开学后，专为高校素食联盟骨干成员量身定制的一系列“成长营养套餐”也面世了，也就是说，素食联盟启动了重要的人才发展计划，根据成员的自身发展需求和投入精力的程度提供不同的培训项目。

◎

◎

“经历过之后，我会更勇敢，这些经历对我来说是一笔财富，无论在什么样的风口浪尖下，无论在怎样的情况下，我们都需要不断地反思、总结。推广素食就是一种比例的比赛，而且我始终坚信不伤害与善意终将胜过暴戾与蒙昧，对生命的尊重与跨物种的和平必将成为人类文明前行的方向。”柳济琛说。

诚然，当无数次审视素食主义的价值观时，柳济琛在探寻与开拓高校素食联盟的路上变得越来越坚定：人类文明的脚步应该向着什么方向行进？是永不停歇的血腥屠杀和无休止的对生命的恣意践踏掠夺，还是人类在不断审视自身内心的观照中，对其他生命予以深切的伦理关怀与同体大悲之心，并不断自我觉醒、自我提升，借以实现人类生命价值的最终体现和生命真谛的追求理想？他说，答案早已掌握在我们的手中。“TINGK BIG，MAKE CHANGE”，我们在付出、奉献、行动的过程中，都会收获不一样的成长，也必将收获巨大的改变，这是这个时代赋予青年们的责任与使命。

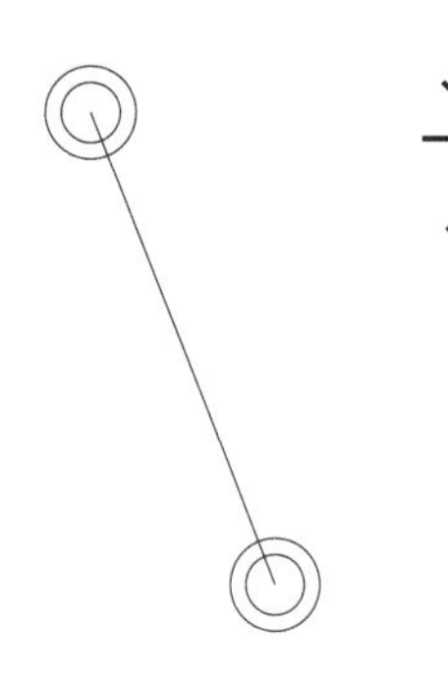

全国高校素食联盟的宗旨是什么？

致力于促进饮食观念转变，降低国人对畜牧业的依赖、减少温室气体排放、减缓气候变化，让素食成为更多中国人的饮食常态和健康首选，让无伤害、可持续的“素生活理念”深入人心。

作为全国高校素食联盟的主要发起人之一，你的父母支持你吃素吗？吃素，对你意味着什么？

我常和周边人说：“最大的孝心就是告诉父母吃素”，我的父母现在在家都吃素了。吃素，对我而言是一种生活方式。推广素食，则是一种使命。

你在推广素食理念的过程中，有哪些自己的方法？

总结起来有 10 点：1. 追求最大改变；2. 少即是多；3. 登门槛效应；4. 非暴力沟通；5. 当下行动；6. 百分之百科学客观；7. 不自我沉迷，勇于走出圈外；8. 讲故事，画白描；9. 拉新、留存、转化；10. 联盟。

作为全国高校素食联盟的主要发起人，你如何看待这个联盟的社会意义？

素食背后的价值观是青年人需要去探寻和追随的“非暴力、不伤害”的人文理想，也是人类文明向正义迈进的方向。

在你的观念里，真正的男人应该具有什么特质？你如何定义爱与和平？

我认为，真正的男人应该有正义感和责任心。爱与和平是人类的本能，不需要定义。客观呈现工厂化养殖真相，宣传素食健康环保理念，就是在促进人类的爱与和平。

在素食传播推广领域，影响你最大的人是谁？

麦特·保尔（Matt Ball），Vegan Outreach 创始人，他推广素食数十年，全世界受他影响者无数，是当之无愧的拯救生命的英雄。他的文章《过有意义的生活》我时常反反复复阅读。他总结的素食推广方法论中的第一条“追求最大改变”对我影响颇深。

如果用几个关键词来形容你自己，你觉得是什么？

思考、较真、敢拼、执行力。

请问你的人生哲学观是？

斯多葛控制二分法：有些事情是你能够控制的，有些事情你是控制不了的，而你应该只关注你能控制的东西。例如参加一场比赛，关注的重点不是能不能最终赢得比赛，而应该是发挥出自己的最好水平，打一场漂亮的比赛。如果一个人能践行斯多葛控制二分法，那他将是不可战胜的。

你最想对这个世界说什么？

一个世界有你，一个世界没你，之间的差别就是你存在的意义。让世界因你而变得更美丽。

糙米 × 柳济琛

舞者仁心需要力量和勇气

Kris Dao Nicholls

文 / 赵宗颖 图 /Kris Dao Nicholls 提供

Kris Dao Nicholls 出生在新加坡，是一个中澳混血的“胎里素”，他从来没有吃过肉，也从来没有想过要吃肉。他笑哈哈地说：“我爱动物，但还没有爱到想知道他们的味道！”

Kris 从小生活在新加坡，为了在中文环境里生活和学习，Kris 九岁的时候跟着父母搬到了台北市，在一所坐落在深山里的小学读书——直潭国小。这里自然环境很好，教学设备也齐全，人也友善。美中不足的是学校的饭菜都是掺着肉的，Kris 只好每天带着父母早上做好的便当到学校吃，从小学三年级一直到小学六年级毕业，一带就是四年。

那时候，带便当是件很特别的事，同学们总是很好奇他每天带了什么好吃的、有什么新花样，偶尔也会跟他要一点儿来尝尝。甚至后来，好朋友都会直接拿他的便当看一看，喜欢的菜就拿走一点儿。回想起那段时光，Kris 很感谢父母为自己做的便当，也很乐意把好吃的食物分享给同学们：“因为同学吃到的都是素食，他们就知道素食也是可以煮得很好吃的！”

小学毕业后，Kris 加入了台湾地区的表演艺术团体——优人神鼓，就读高中部的表演艺术班。那时候 Kris 才十三岁，而同学们都是十五六岁，年龄和成熟度都有些差异。这些差异给了 Kris 不小的挑战，他刻苦学了一年才慢慢成熟。在优人神鼓，他学习了很多有关肢体、音乐、剧场的科目，既打下了坚实的专业基础，也锻炼出超越年龄的成熟。

在经历了一次欧洲之旅后，他眼界大开，心里种下了在欧洲进修的种子。

虽然年轻的 Kris 还不确定未来的方向，但是因为喜欢德国，便开始学习德语。

一次偶然的机会，好友邀请 Kris 一起去跳舞，“跳了一堂课，蛮喜欢的！一堂接一堂，慢慢变成一周上四堂。”他忽然想到：“不如就去德国跳舞好了！”他马上到网上查找德国的舞蹈学校，而富克旺根艺术学院（Folkwang University of Arts）的招生考试刚好还有一个星期截止报名。他即刻准备，个人资料寄出几个星期后便收到学校考试的邀请函。人生的一大快乐就是找到了自己的目标和方向——为了参加富克旺根艺术学院的考试，Kris 每天都非常勤奋地跳舞和准备，一连练习了两个月，进步飞快。为了理想而努力的 Kris 非常快乐。

如今，他已经在德国学习了一年，与自己热爱的舞蹈相伴，对自己充满信心，越跳越好，一有演出的机会他就会参加。Kris 说：“学习舞蹈是非常需要耐力的，而素食给了我无尽的力量和勇气，也给了我饱满的热情和坚持的动力！”

素食这种生活方式带给你最大的感受是什么？

素食的方式我已经坚持了 18 年，虽然有时候有人问我感想时，我会有点回答不出来，因为习惯了。但如果真的要说的话，我会说“清爽的希望”。

让你坚持素食生活方式最重要的原因是什么？

动物！在一间素食餐厅打工时，就已经觉得好多好多食物被丢掉。我无法想象一间肉食餐厅，一天可能会丢掉一头牛的量吧？世界上那么多家肉食餐厅，等于无数动物的生命啊！

从小吃素，父母在培养你的饮食习惯时，有什么特别注意的地方吗？

我爸妈从小就培养我不挑食，培养方式很简单：他们煮一餐，就煮那么多。我小时候不喜欢吃南瓜、茄子、豆子，餐中只要一有这些我就挑出来，但是挑完了吃剩下的又不太够，还是很饿……慢慢的，就不挑食了，盘子里有什么就吃什么，慢慢的，所有的食物就都爱上了。

很多人都感到在素食后体能变得更好了，你自己也有这样的切身体会吗？

有一次排练，从上午 9 点到晚上 10 点，中间只休息半小时，大家都累翻了，没什么精神。但是我和班里另一位吃纯素的同学却还有力气，精神状态也很好！其他同学都问我们是怎么撑那么久的，我们就告诉了他们我们的素食秘密。这样的事情我已经经历过很多次了，是不是证明了什么？

你觉得生活中最重要的事情是什么？

雄心壮志，因为你只要有雄心壮志，成功的机率就非常大！

你想成为什么样的人？

我爸妈一直都是我的模范，他们改变了很多人的生命，我想像他们那样，用我的专长去改变别人。

艺术关乎审美 更 关乎生　　命

编辑 / 张小马

从什么时候开始，我们的生活被蒙上了一层面纱，谎言和真实只有一线之隔，更多时候我们还是选择不去跨越，或者干脆视而不见。而总有一些人，他们逆行于现实，却活在当下，用天马行空的方式，勾勒出最不失真的世界。他们的艺术关乎审美，更关乎生命。

贡献者简介：

Grace

Grace 本职是一名具有十多年从业经验的资深用户体验设计师，她长年在英国生活和工作。同时，Grace 也是英国慈善机构“TACN 同理心慈善基金”的创始人和负责人，她是一名活跃的动物权利和纯素活动家，经常在国内外参与和组织举办各种以动物权利和纯素理念为主题的活动和公益项目。

网站：tacn.org

Angel

Angel 本职作为公益咨询团队一员，为多个国内外公益组织做公益行动规划，目前工作地点在北京。同时，也是英国慈善机构“TACN 同理心慈善基金”的志愿者。

热爱生命是我们与生俱来的力量

文 /Roger Olmos 译 / 张小马

ROGER OLMOS

我从很小的时候就开始画画了，我是那种从来就没有停止过画画的小孩。这可能也跟我的父亲有关系，他是一个绘图师，在没有电脑的年代，他全凭手绘。很幸运的是，从那个时候起，我就可以接触到很多绘本类的书籍。这些书里的颜色、形状、纹理给了那时候的我很多启发，让我开始在画纸上构建起了所有我想象的世界。

我的第一份工作是在巴塞罗那的一家医院里当科学插画师，4 年后，我进入了 Llotja Avinyó of Barcelona 学校的儿童插画专业。1999 年，我被选中参加在博洛尼亚举办的国际儿童图书大会，在那里我遇见了我第一个出版商，从那时起，我便不断开始出版插画书。

8 年前，我成为了一名纯素主义者。当时我的妻子给我看了一部名叫《地球公民》（Earthlings）的纪录片，我甚至没能看完便开始抽泣，胃也开始不舒服。

一直以来，我都自认为是个热爱动物的人，从来没有想过自己会伤害到动物的生命。我以前想都不想，什么都吃，我当然知道很多食品都是来自动物的，但我却从没有想过是通过什么途径获得的，也从没有想过这些动物的遭遇。那些工厂、公司计划得非常严密，他们绝不会给人透露那些动物的实际情况，想都别想！当这些产品展示在你面前的时候，都是包装精美的——你看到快乐的奶牛在草地上蹦蹦跳跳，小鸡用玉米当作麦克风高兴地唱歌，还给你一只闪着金光的蛋——你很乐于见到这些不是吗？

从那天开始，我决定不再吃或穿或用任何动物制品。

有一天，我忽然意识到，虐待动物的现象非常普遍，比如马戏团、动物园、农场、宠物商店……有多少本给孩子的书上画着农场里的奶牛或小猪说：“你好，农场主先生，你今天怎么样？”然后他总是回答说：“很好亲爱的们，祝你们有美好的一天！”当然，他绝对不会说：“我刚用一把刀杀了你老爹，然后放干了他的血，把他剁成了小碎碎，一会儿我们要吃了他！”又或者，有多少人相信当马戏团里的大象看到小孩子对自己大笑的时候不开心呢？而事实呢？事实就是从最开始他们就怕得要死，时刻想着驯兽师对自己的惩罚，如果他们表现得不好就会遭受电击或鞭打。

这些都是操控小孩子思想最有效的方式，所以我决定去制止这些，我开始向不同的协会、学校、出版商和很多我认识的作者和插画师一家家、一位位地解释我的想法。我要出版可以让小孩子了解真相的儿童绘本，于是便有了《无言》(SENZAPAROLE) 和《朋友们》（AMIGOS）。

Roger Olmos
儿童绘本作者，插画师，1975 年出生于西班牙巴塞罗那，在西班牙国内和国际上曾出版过 70 多本图书。

《无言》（SENZAPAROLE）

这本书的想法来自于肉食产业中对动物进行剥削的残酷事实，比如动物园、动物表演、动物实验或服饰。我想用一种父亲们能够给自己孩子展示这些事实的方法来表现。一般来说，这些信息都伴随着非常暴力的图片，以至于让人，尤其是儿童，无法接受。但是在这本书中，我没有用一个文字来表达这些可怕的事情，而是用一种诗意的方式展现，当人们看到这些图画的时候，一定可以自己总结出一些想法。通过这样的方式，人们才能够从内在理解，而不仅仅停留在表象。我想，这本书一定拯救了很多动物的生命。

《朋友们》（AMIGOS）

© Roger Olmos AMIGOS, Logos edizioni/FAADA

《朋友们》（AMIGOS）

这本书的灵感来源于我的父母对我无意识的欺骗。在我很小很小的时候，我父母和其他家长一样，总是告诉我要热爱、关心、尊敬动物。如果他们看见你踢一只狗，他们一定会惩罚你。如果他们看见你向河里的鸭子扔石头，也会惩罚你。他们给我看卡通片里快乐的小动物们是最好的朋友，也给我买泰迪熊、小兔子用来在夜晚保护我。这些都是所有小孩子与生俱来的爱和尊敬生命的表现。但在午饭和晚饭的时候，发了生什么呢？他们把这些动物都煮了，然后告诉你说：“吃吧。”很疯狂，你不觉得吗？

DAVE BRINK

描绘世界上第一位VEGAN超级英雄

文＆图/Dave Brink 译/张小马

Dave Brink

荷兰画家，“Earthling Vegan Warrior”系列漫画的创作者。

Earthling Vegan Warrior 系列漫画内页

我一直不敢相信直到几年前我才听说“纯素主义”。当有人试图在网络上向我表达这种思想的时候，我忍不住开始思考——如果他是对的呢？我一直觉得自己是动物的朋友，但是面对很多坚持不用动物制品也活得好好的纯素者，我感觉自己是个骗子。如果他们可以做到，为什么我不能做到？我需要知道更多的真相。

我下载了“声名狼藉”的纪录片《地球公民》（Earthlings）。虽然很多人告诉我说这是部必看的影片，但我还是耗了好几个月才有了足够的勇气坐下来观看。这是一记重拳。只看了十五分钟，它就彻底撼动了我的内心。我看不下去了，我也不需要再看下去了。我看《地球公民》的那天，就是我发誓再也不吃、不用动物制品的那天。

虽然我的突变让很多人开始担心，尤其是我的女朋友，“一定是你出了什么问题！”但我对自己人生的新篇章感到开心。我的眼和心都打开了，不需要再封闭了。

在我顿悟后的前三个月是非常艰难的。在食物中添加动物成分简直是势不可挡、令人沮丧。从各种日常食品到几乎所有的糖果中都含有动物成分，这清单是无尽的。很多时候，杀掉一只动物放进食物里，就是为了提供一些没必要的添加剂，而很多人又会根深蒂固地认为这是必要的，因为他们认为动物是我们人类的营养基础。那些肉蛋奶产业真是做了一件了不起的工作，能说服一代又一代的人相信动物们的分泌物可以给我们最重要的氨基酸和维生素，还声称这些营养素在蔬菜水果中是没有的。

我很生气，我为自己这些年被误导的生活而生气，这么多年来我竟然没有看清事实真相。

我的这种愤怒让我希望把我了解到的事情分享给我的家人和朋友，然而我却收到了这辈子都没有想过会碰见的充满敌意的眼光和荒谬的言论。朋友们纷纷要为自己能吃到肉而争取权利和选择了！很明显，试图唤起人们重新看待动物这事本身很具挑衅性。但渐渐的，我的愤怒变成了失望。

有一天，我受到一种使命感的驱动，加入了一个动物保护组织中，找到了支持我的家园，这里的人都愿意倾听我为动物发出的声音。

这样的人生转变令我对自己多年前想要出版漫画书的梦想重燃了热情。作为一位美国超级英雄漫画的读者和收藏者，我忽然意识到我好像从来没有见过一个纯素主义的超级英雄，我没有理由不去创作一个远离“人类中心说”的超级英雄——我好像有人生目标了！

在接下来的六个月中，我重塑了我曾经写过的一部科幻小说，选取了其中的一些元素，重新塑造了里面的主人公，把纯素主义的观念注入到这个超级英雄的设置里。这部小说一定要叫《地球公民》，这一点我已经非常确定了。这不仅是我对这部纪录片的认可，也是这个超级英雄要代表的一切。

经过一次众筹，第一本《Earthling Vegan Warrior》漫画书看到了曙光，一个超级英雄将他的一生都奉献给了动物们，这场冒险即将开始。通过这本漫画，我希望可以给纯素主义带来一些新受众。

创作这本漫画也让我决定：只要我能，我就会一直画下去。

同情心和同理心是人类最伟大的特质

文 /Grace、Angel 图 /Philip McCulloch-Downs

Philip McCulloch-Downs

Philip 是一位居住在英国萨默塞特的纯素主义艺术家。他把成年后的全部时间都用在了探索并提升自己的创作技能上。他学会了如何将自己丰富的生活经验贯穿于艺术作品、写作和诗词中。Philip 在纸和画布上记录下一些点滴，形成他生活的视觉日记，他将这些点滴融入画作、诗歌和小说创作中。他每幅作品的背后都有一个故事，他愿意将这些故事分享给所有人看。Philip 的工作非常个性化，并且还在稳步的不断发展中。

他画作的主题主要以纯素主义、动物权利为主。在新的画作中也逐渐试图将隐藏的真理带入光明，认同我们对动物剥削的同时给予他们尊重，通过画作准确地记录动物们经受的苦难来触发人们的同情心和同理心。

幽灵相机

The Ghost Camera
© Phillip McCulloch-Downs

这幅作品创作于 2014 年，是 Philip 第一幅以动物权利为主题的作品。这幅作品最初是 Philip 为一部自创的小说而画的插画，也是为了致敬他心目中的英雄——动物权利摄影师乔安妮·麦克亚瑟（Jo-Anne McArthur）。

作品中大部分动物的原型来自乔安妮的摄影作品，其中一些动物已经被救助，另外一些仍被囚禁在养殖场和屠宰场里面，而这幅画实则是对那些仍饱受摧残的动物的纪念。当 Philip 将这幅作品发到他的社交网站上后，获得了包括摄影师乔安妮在内的众多人的支持。乔安妮对他画作的肯定以及大家的支持彻底改变了 Philip 的人生。

来自支持者的上百条留言和短信让 Philip 意识到全球有那么多有同理心、聪慧和积极主动的人们同样在关注着这个话题，这让他自己也迫切想要成为其中的一员。一夜之间，他的艺术生涯、纯素生活和在英国慈善机构“Viva!”任职的工作都更有意义了，Philip 从此时起成为了一名真正的活动家。

看身边的动物

Everyday Animals
© Phillip McCulloch-Downs

这是一系列庆祝“身边的动物”雄伟美丽的肖像画集中的一幅作品。这只特别的公鸡住在诺福克的山坡动物保护区，而 Philip 是在保护区休息时遇到他的（以及其他许多羊羔、牛、马、猪、羊驼、山羊和鹿等）。

对于 Philip 来说，能够见证在自然环境中幸福生活的动物被人类无微不至地照顾而不是被虐待和宰杀，是一次深刻而难忘的经历。看到他们一生都能够安全地享受生命，无忧无虑地成长让 Philip 感到欣慰。而这次通过对一个更美好、更善良的世界的一瞥也让 Philip 更加坚信了一个纯素的世界是完全可行的。

Philip 惊讶地说：“原来从出生开始从未遭到人类虐待的小羊羔和小鹿，当他们看到我的时候是会飞奔过来求宠爱求抱抱的！这是一个多么有爱的世界啊！”

看着他们成长

See Them Grow
© Phillip McCulloch-Downs

这是“触动画集”系列中的一幅作品。“触动画集”是英国慈善机构“Viva!”众多项目之一，作品集中包括了以乳制品、猪、蛋、龙虾和肉鸡养殖业为主题的画作。整套画集中只有这幅作品没有使用养殖场调查中拍摄的照片为原型。相反，它通过展现一种人类和非人类孩子之间的让人们不舒服的对比带来人们视觉上和道德上的双重挑战。

Philip 想要通过这幅画作，将这些天真无邪的生命在面对即将到来的命运时所表现出来的恐惧和迷茫表达出来，并让更多人从中获得反思和共鸣。这幅作品通过用人类宝宝取代受虐待的小牛宝宝，展现给人们一个男孩将被处死，女孩将被囚禁、强迫受孕和压榨至死的残忍景象，通过一种换位思考的方式来激发人们内心深处的同理心。Philip 希望可以通过这幅画凸显出人类社会中普遍存在的“认知失调”。

来自艺术顿悟的共鸣

Nigel Follett

文 /Grace、Angel 图 /Nigel Follett

Nigel Follett 是一位获得过多次奖项的数码艺术家。图形和书写笔是他用来创作的两个必不可少的元素。他说：“数字绘画的发现是一种‘艺术顿悟’。”水彩、油画技术和与时俱进的新数字技术相结合，成就了一种全新的艺术作品形式。这种全新的艺术作品让 Nigel 几乎可以表达他所想的任何东西，并创造出一系列多样化的艺术作品，从肖像画到风景，再到超现实和幻想，每一幅都独具个人风格。

Nigel 希望越来越多地用自己的作品传达一些人类所面临的环境问题和政治问题，这样的理念和做法让他成为了一名环境艺术家，并得到了国际范围内的广泛关注。英国利兹大学（The University of Leeds）英语教授保罗·哈德威克（Paul Hardwick）在对 Nigel 的评价中说道：“他的一些艺术品是绝对漂亮的。事实上，这里有很多值得关注的东西，会引起人们在政治和环境方面的共鸣。”

355 毫升

355ML
© Nigel Follett

这幅作品是为 2014 年红猩猩保护团体和雨林行动联盟“Orangutan Outreach and Rainforest Action Network (RAN)”针对百事可乐公司发起的抗议而设计的。

日复一日，挖掘机在一步步破坏印度尼西亚和马来西亚的最后一片热带雨林。究其原因，其中便包括了百事可乐公司在内的各大企业对棕榈油的大量需求和消耗上。事实上，从薯条、饼干到各种零食、日用品和化妆品，棕榈油作为非必需成分却依然被添加在原料中，而在大量生产这些产品的过程中，造成的代价就是本就为数不多的热带雨林面积持续缩减。

这幅作品体现了百事可乐公司正在向自然环境和濒临灭绝的物种“宣战”的主题，这样的行为是完全不可接受的，因为这将造成一场前所未有的毁灭之战。试想一下，百年之后，当我们开始反思人类历史的进程，是否会突然意识到诸如百事可乐公司的行为，本质上跟战争一样是极其野蛮的？到了那个时候，人类是否还会见到热带雨林的踪影？甚至于我们是否还存在都是问题。如果最终人类的灭绝竟是源自于一袋薯条，那就太不值得了。

1

消费主义

Consumerism
© Nigel Follett

这是一幅表现当下人类社会大多数人倾向和推崇的“消费主义”的作品。作者认为，“消费主义”是一种没有良知的经济原则。因为这种“消费主义”的形成，会让人们对资源的需求不断扩张，促使很多企业不惜以消灭整个生态系统和物种的代价来满足其对利润的不断追求和欲望，而这种惨无人道的欲望同样也是消费群体的共同欲望。

遗产

Legacy
© Nigel Follett

从作品中可以直观地看到，美丽的海豚与人类抛弃的废弃塑料水瓶共同生存在同一片地球的海洋中。这幅画正是对现有的海洋所遭受的塑料污染困境的写照，生动地表达了所有海洋生物对人类不负责任行为的无声抗议。

全球崩溃

Global Meltdown
© Nigel Follett

这幅作品体现了地球作为一个封闭的系统，由于资源的有限使其处于困境。简单来说，我们的星球如果持续现有的资源开发和利用进度，是不可能满足无限的人口增长和需求的。导致的结果只能是某些资源被不可避免地消耗殆尽，而每一位地球上的人，都将要面对资源过度消耗所带来的很多令人不适的真相。

1
2
3
4

构建动物世界的乌托邦

Hartmut Kiewert

文 / 张小马 图 /Hartmut Kiewert 提供

Hartmut Kiewert 出生于德国科布伦茨，2010 年以优异的成绩毕业于德国著名的艺术学院哈雷艺术和设计学院（University of Art and Design Halle）。他在汉堡、柏林、埃森、莱比锡和多特蒙德等城市举办过多次个人展览和团体展览。2012 年，他出版了《Human Animal》一书；2017 年秋天，他出版了另一部讲述人类和动物关系的图书《Animal Utopia》。

从 2008 年开始，他开始关注人类与其他动物的关系，不仅践行着纯素的生活方式，也用自己的画笔向大家传达着这种生活方式。在他创作的过程中，他发现这不仅是他从小就一直在脑海里思考的问题，也是需要在绘画中重新被思考和讨论的问题。一方面，在早期的洞穴壁画中，动物在人类社会中就扮演了很重要的角色；另一方面，艺术是一个去挑战常规和现状，并去展现新观点的绝妙方法。

他的作品看似不可思议，细细品味才能领会其中的深意。他的作品为人们展现了全新的人类与其他动物的关系，描绘出“乌托邦式”的共生环境，所谓的“农场动物们”从人类搭建的牢笼里被解放，不再受人类折磨，自由自在地生活在他们应在的地方。他试图表现对人类与其他动物平等共处这一关系的敬意，也希望唤起大家内心深处的认知——动物们不该被剥夺自我意愿，沦为人类的奴役；每个动物都有权掌握自己的生命。

因此，Hartmut 认为，在作品中凸显动物、自然与人类的压迫关系是件非常必要的事情。

1	3
2	4
	5

1. 地毯 III(Carpet III)2017 布面油画 160cmx190cm
2. 湖 (Lake)2015 布面油画 140cmx130cm
3. 废墟 VI(Ruin VI)2017 布面油画 60cmx80cm
4. 进化革命 (Evolution of Revolution)2012 布面油画 180cmx225cm
5. 慵懒的午后 (Lazy Afternoon)2015 布面油画 190cmx250cm

美食摄影是食物灵魂的延展

编辑 & 采访 & 文 / 张小马
译 / 孙梦颖 图 /Timothy Pakron

作为一位十年的纯素食者和视觉艺术家，选择做全职厨师和食物造型师似乎是 Timothy Pakron 注定要走的一条人生之路。

在结束了六年繁忙的纽约生活之后，Timothy 重新回到了家乡密西西比州，准备开始新阶段的工作目标——完成他的烹饪食谱书。对他来说，美国的南方是格外亲切与珍贵的，这里的生活可以让他有足够的时间构思食谱、写故事，将他真正的热情融入摄影作品中，这也意味着他将走访美国东南部各地，搜集不同种类的野生菌菇，同时深入研究美国南部传统，力求使新书的内容详尽而生动。

Instagram:@mississippivegan
Website:http://www.mississippivegan.com/

谈谈你的新书吧，是关于什么内容的？你最想在书中谈论些什么呢？

我的新书名字是《The Mississippi Vegan Cookbook》，2018年秋天会由企鹅集团旗下的兰登书屋出版。书中会有一系列的食谱、照片、故事以及我用心画的画，画里展示了我成长过程中所吃的食物。这本书中的另一重点是美国南部，包括卡真（Cajun）和克里奥尔（Creole）特色美食中潜藏的纯素食主义潮流。这本书将是一场关于植物、菌类、零残忍饮食和生活方式的狂欢庆典。

有很多素材可以拍摄，为什么选择专门拍食物？

我选择专门拍食物是因为对我来说，使用油画或胶卷这些传统材料创作艺术已经不再对我具有吸引力了。我宁可把时间用来变食物为艺术。

关于摄影和烹饪，最启发你的是什么？

关于下厨我向来劲头十足，自然摄影也一直是我的热情所在。因此，通过艺术表达的方式融合这些我所热衷的元素，我想没有比这更有意义的事情了。颜色明亮的蔬菜和当季水果以及野生菌菇都是绝佳的摄影素材。整个过程都是自然而合理的。

你最想通过你的摄影作品传达什么呢？

我想要传达独特但同时能让人产生共鸣的美。我希望我的作品是有趣的、激动人心的、充满情感的。最重要的是，我希望作品能流露出我对植物和尤其是菌类的热爱。

在你看来，食物和人类之间的关系是什么？

第一个说出“人如其食”这句话的人太有智慧了！我认为，富有觉知且与个人伦理价值观一致的饮食最终可以反映出你与世间万物的联系。因此我认为人类与食物的关系是人类存在最重要的一个方面，人们可以决定要给予这方面多少的重视程度。对我而言，这种联系是我所迷恋和热爱的事物，是我创意的出路，是我职业的一部分，是我的一切。

你每天都下厨吗？为谁下厨呢？家人、朋友还是自己？

我每天都下厨！不仅做给自己吃，也经常与家人、朋友和实习生们分享。我最喜欢为大家做甜品。人人都爱甜食！每周我也会允许自己休息一下，出去吃几顿。

的 私 厨 食 谱

意式烤吐司

// 2 人份

"意式烤吐司能够完美地融合多汁的番茄和新鲜香料。我已设法将这道食谱设计的尽可能简单，只需要 10 种食材，同时还有些特别的小窍门使它不同于一般的烤吐司。总之这道食谱一定会让你的时间花得值得。"

食材

- 酵母吐司 2 片（半英寸或更薄为最佳）
- 大蒜 2~3 瓣
- 橄榄油 3 茶匙
- 营养酵母 2 茶匙
- 大豆味噌 1/2 茶匙（或鹰嘴豆味噌）
- 小番茄 1 杯（每颗切成四等分）
- 新鲜牛至 1 茶匙
- 新鲜百里香 1 茶匙
- 新鲜罗勒 1 杯
- 柠檬汁 1/2 茶匙
- 黑胡椒粉和海盐适量

烹饪方法

1

在研钵中放入大蒜、橄榄油、营养酵母、少许盐和胡椒粉，用捣锤捣成光滑的糊状。

2

将糊状物均匀涂抹在吐司的两面，确保吐司表面全都被覆盖到。

3

准备一个平底煎锅，开中火，将吐司的两面分别烤 3~4 分钟，直到烤成淡棕色，注意不要烤焦。从锅里取出吐司后，在吐司表面抹一层薄薄的大豆味噌。

4

将新鲜的香料全部均匀切碎，与小番茄、橄榄油、柠檬汁一起在碗中混合，再加一点点海盐和黑胡椒粉调味。混合均匀后用勺子涂抹到吐司上就可以享用啦！

迷迭香核桃酥饼

10～14 人份

“如果你也和我一样既喜欢核桃又喜欢迷迭香，那么你会爱死这道食谱的，因为它能让两种食材都大放异彩。至于为什么做成核桃酥饼而不是核桃派，是因为我真心觉得要做出完美的饼皮会让人很恼火，每次总是做很多，但弄得一团乱，做核桃酥饼就不会！对了，千万别试图用鸡蛋代替里面的豆腐，用鸡蛋做不出那个感觉！”

食材

A 酥饼

- 纯素黄油 1 杯
- 黄砂糖 1/2 杯
- 盐 1/8 茶匙
- 柠檬皮 1 茶匙
- 切碎的新鲜迷迭香 1 茶匙
- 面粉 2 杯

B 馅料

- 黄砂糖 1/2 杯
- 红砂糖 1/2 杯
- 纯枫糖浆 1/2 杯
- 纯素黄油 1/4 杯
- 嫩豆腐 170g
- 不加糖的植物奶 1/4 杯（常温）
- 玉米淀粉 2 茶匙
- 盐 1/2 茶匙
- 香草精 1 茶匙
- 核桃 2 杯（切成两半）

烹饪方法

A

1

烤箱预热至 177°C。用搅拌机或手动搅拌棒将纯素黄油、黄砂糖、盐、柠檬皮和迷迭香搅拌均匀，达到奶油状后，一点点地加入面粉，直到完全融和。

2

将混合物放入 22cmx 32cm 的烤盘中，烤 15 分钟，取出后，静置。

TIPS

烤箱不用关，保持在 177°C，等会儿烤核桃酥饼时还是这个温度。

B

1

在料理机或搅拌机中将嫩豆腐、植物奶、玉米淀粉、香草精和盐搅拌均匀且质感顺滑，待用。

2

开中小火，在一个中等大小的锅里搅拌黄砂糖、红砂糖、纯枫糖浆直至溶解，可以用一个平头的木质勺子搅动混合物大约 8 分钟。当混合物变得厚重，闻起来像焦糖时就完成了。

3

关火，加入纯素黄油，然后倒入刚才做好的混合物，搅拌均匀。拌入核桃，然后倒在之前烤好的酥饼上，烘烤 40 分钟，完成后从烤箱里取出冷却 3 小时。

4

冷却后，把核桃酥饼切成条状就可以好好享用了！

编辑 & 采访 & 文 & 译 / 张小马　图 /Sheil Shukla

灵感才是美味的秘方

Sheil Shukla 是个医学生，这个身份和美食似乎搭不上边，可他凭借对美食的狂热，硬是把自己手里的手术刀换成了餐叉，成为了一名美食博主。

问他为什么对美食如此热爱，他说：“食物提供了人体所需的能量，除此之外，食物更是享受和满足的源泉。更重要的是，食物能够把人聚到一起，组成团体和家庭。”和亲朋好友在一起的时候，Sheil 也常常掌勺，为大家烹饪美食。他对烹饪一直保持着很大热情，并且非常享受其中。

和大多数人一样，Sheil 曾经常常吃很多芝士和其他奶制品，做饭的时候也总是非常依赖它们。后来，他开始把蛋奶类的食物从他的餐盘里剔除，取而代之的是更多新鲜的蔬菜水果。“除了全谷物、坚果、豆类等这些我早就开始吃的食材，我开始将很多新鲜的蔬菜水果融入到我的食谱中。我也放弃了很多加工食品，因为很多加工食品中不知道为什么总是会有奶制品。随着时间的推移，我完完全全失去了对芝士等很多不健康食品的欲望。”

他发现，原来人们的口味真的可以随着时间推移而改变，那些曾经对某种食物的偏执都会消失。在我们的主观意识中，好吃的东西总是很容易和那些传统的动物性食品划上等号，但实际上，食物的美味与否跟食材的选用没有任何关系，只要烹饪的灵感在，做什么都好吃。

Sheil 虽然成长在美国芝加哥，却是印度古吉拉特的后裔，这让他对于烹饪印度菜式有着一种强烈的内在连接和理解力。所以对他来说，不管是烹饪经典的印度菜，还是创作新式的印度菜，都易如反掌。但在他所有的食谱中，印度菜却只是小小一隅，世界各地的菜式都可以在他的食谱中找到，“生活中的方方面面都给了我很多不同的灵感，社交网络上、电视上、餐馆里、旅行中，都是我食谱的灵感来源！”

灵感的味道

羽衣甘蓝白芸豆汤

（2 人份）

食材

橄榄油 1 汤匙

小番茄 1 颗（切丁）

胡萝卜 1 根（切丁）

干牛至叶碎 1 茶匙

干百里香 1 茶匙

红辣椒碎 1 小撮

蔬菜高汤 3 杯

白芸豆罐头 1 罐（冲洗干净并控干水分）

羽衣甘蓝 适量（切碎）

盐和黑胡椒 适量

做法

1. 在锅中加热橄榄油，加入胡萝卜和小番茄，翻炒 2~3 分钟。
2. 加入干牛至叶碎和干百里香，再将蔬菜高汤倒入，煮沸后转小火再煮 15 分钟。
3. 加入白芸豆和羽衣甘蓝，继续煮 5 分钟。
4. 加入盐与黑胡椒调味即可。

辣味牛油果

（6～8人份）

食材

熟透的牛油果 6~8 个

橄榄油 1 汤匙

胡萝卜 1/2 杯 （切丁）

芹菜 1/2 杯 （切丁）

甜椒 1/2 杯 （切丁）

腌制墨西哥辣椒 1~2 汤匙 （切碎）

冷冻玉米粒 1/2 杯

红腰豆罐头 1 罐（冲洗干净并控干水分）

黑豆罐头 1 罐 （冲洗干净并控干水分）

番茄泥罐头 1 罐

孜然粉 1 茶匙

烟熏辣椒粉 1 茶匙

辣椒粉 1 茶匙

干牛至叶碎 1 茶匙

干百里香 1/2 茶匙

饮用水 2 杯 （或更多）

辣椒酱 少许

盐和黑胡椒 少许

做法

1. 在一口大锅中用中火加热橄榄油，加入胡萝卜、芹菜和甜椒翻炒至变软变棕色。加入切碎的腌制墨西哥辣椒和冷冻玉米粒，至玉米变热。
2. 加入红腰豆、黑豆和番茄泥并搅拌，随着搅拌加入孜然粉、烟熏辣椒粉、辣椒粉、干牛至叶碎和干百里香，随后加入 2 杯饮用水。
3. 转至中小火，炖 45~60 分钟，直到豆子和蔬菜都变软。可以继续加入适量饮用水以达到想要的浓度，加入盐和黑胡椒调味。
4. 取一个碗，加入煮好的酱汁，将牛油果切片铺在上面即可。

TIPS：可加上自己喜欢的装饰，比如豌豆苗、柠檬、纯素酸腰果奶油、香菜或玉米碎片。

Instagram:@plantbasedartist

Website:www.plantbasedartist.com

和食草男谈恋爱

食草男，是一座巨大的宝藏。他们表面上没什么不同，甚至还会让一些人感到有些难以相处。然而，那些与食草男相处过的姑娘们都不约而同地感觉到，他们对待伴侣的善良和体贴，像一股暗藏着的巨大暖流，一不小心就会把男友力发挥到最大值！

编辑 / 张小马　译 / 孙梦颖

她说："

文 & 图 /Yas

IT'S THE MOST DELIGHTFUL FEELING IN THE WORLD.

那是世界上最妙不可言的感觉。"

我叫 Yas，两年前在伦敦时，我和 James 经一位共同好友介绍而相识，因为这位好友觉得我和 James 都是“嬉皮士那一类的人”。

第一次约会时，James 带我去了一家叫名 Maoz 的法拉费沙拉吧，这家的炒花菜超级好吃，但 James 没吃完，就把剩下的食物给了一位流浪汉，并告诉他这是纯素食的。James 解释道：“任何人都能选择自己的生活方式，决定他们将如何对待其他生命，但有些人并没有能力实现这种生活方式。”这番话点醒了我，使我发现自己是多么幸运，还有自由决定自己想怎样生活。

接下来的三个月，我一直努力尝试从九年的蛋奶素生活过渡到纯素生活。我意识到，蛋奶素与我的信仰并不一致。我其实过着一种虚伪的生活——一边认为动物不能为了取悦人类而受折磨，一边却贪婪地享用着产自家乡的美味芝士。事实上，当时的我认为纯素食太难，而从以往人们对我吃蛋奶素的反应来看，他们会认为纯素食更加极端。James 很理解我的顾虑，也明白为什么人们会觉得这种饮食转型很痛苦，毕竟素食的选择似乎很有限。但是他为我提供了许多必要的资讯、支持和指导，最重要的是我没有感到任何压力。

2015 年 9 月 1 日是我正式成为纯素食者的日子，同时也是 James 开始进行纯素食 2 周年纪念日。前一天晚上，他来我家做了小扁豆蘑菇汉堡，之后我便开始期待和他一起做饭、一起吃饭的未来。从那时起，我再也没有留恋过从前的生活，我变得开放、坦诚，对新生活感到非常快乐，也非常愿意与 James 分享这一路走来的点点滴滴。

我们在伦敦度过了我们在一起的第一个年头。当时我是健康、人口与社会专业的大学研究生，一忙起来便很少下厨，甚至吃得也很少；James 看到后非常担心，尽管他做着两份兼职，还是抽空来陪我吃午饭，或者常常来我那间拥挤狭小的公寓，帮我做饭。厨房虽小，但我们很喜欢一起做饭、分享食谱、尝试创新菜，然后一起享受坐在地板上吃饭的时光。

旅行也丝毫不会影响我们对食物的爱与热情。在伊斯坦布尔时，我们去了一家纯素食餐厅，老板娘是位有点古怪的女士，她说由于前一天晚上有个帮助猫咪的义演，所以甜点全被吃光了。我们打开菜单，发现菜单有些复杂，便让老板娘帮我们点菜。我们坐在一只毛茸茸但脾气暴躁的猫咪旁边，吃了有生以来吃过的最美味的素肉。我们还去了著名的香料市场，James 教给了我很多关于香料与营养学的知识，买来的香料都装在了 James 亲手为我制作的一个盒子里，这是我收到过的最有心意的礼物。

我们目前住在中国云南的昆明，这里有好吃的纯素餐厅，也有很多值得品尝的佛教素食，这给了我们很多烹饪的灵感。我们每天都一起去市场买水果、蔬菜、可食用的花朵，我们更是第一次知道，原来菌菇和豆腐的种类那么多样，这是我们在伦敦从没见过的。

我发现，我和 James 的感情纽带是深刻而坚固的，因为我们的关系建立于共同的信念和道德观之上，我们所重视的东西是一致的。他的父亲把我们俩比喻成“一个豆荚里的两颗豆子”，这听上去真是挺合适的。我们两人都对动物福利、环境、平等、人权和健康充满热情，这些共同的信仰使我们更加关爱众生，同时关爱彼此。

夏天的时候，James 搜集了各种阻止蚊子咬人的天然方法，我们利用桉树的气味在不伤害蚊子的前提下赶走他们。James 还带头自制家居清洁剂和护肤用品，这样我们就能确保使用的东西是纯素的，而不是那些含有会使荷尔蒙失调或破坏环境的化学添加剂。他还特别关心我的痛经问题，他发现可以通过精油、按摩和食疗来帮我缓解疼痛。大多数男性都会直接绕开这个问题，但他一直不断学习，同时还挑战了人们对于谈论月经的羞耻心。我觉得非常幸运，能拥有这样一个全心全意、体贴有爱的伴侣。

经常有人问 James，他是不是在我的强迫之下吃素的。结果得知 James 的素食年龄比我还要久之后，他们都很震惊。人们总是错误地把吃肉和男子气概联系起来，这种联系其实是毁灭性的。对于自己在这个世界的定位，James 有深刻的认识，他知道自己是谁、支持什么立场，同时他还具备丰富的营养学知识，因此他一开口，周围的人都听得哑口无言。

没错，我依然垂涎于那些坚果黄油，也常常在牛油果成熟时和 James 一起高兴得手舞足蹈，但我最为珍视的是我们的思想和心灵交汇的那块空地，那是世界上最妙不可言的感觉。如今，我感到更加满意和快乐，并且，我与伴侣之间的关系也从未如此强烈。我从未像这样感受过爱，我想这是因为他平和而快乐的状态，他如此热爱这个地球上的生命，而我也能幸运地接收这些爱，同时用自己的爱回报给他。

她说：“他让我成为了最好的自己。”

文 & 图 /Tash

HE DRIVES ME TO BE THE BEST VERSION OF MYSELF I CAN BE.

在我们的传统观念中，大多数人都会很自然地认为吃肉可以使男性变得更有“男人味”，这种刻板印象是很多男性开启植物性饮食的最大障碍。

但 Jeff 就不一样了，他极力反对这种传统的“男子汉”定义。作为一名严格的素食者，他明白这个世界存在着不公正，而我们背负着某种责任，要努力成为最好的自己才能去帮助那些需要帮助的人类和动物，尽量去减轻地球所遭受的负面影响，这才是真正的“男子汉”、真正的“英雄”。

或许就是这种不同寻常的“男人味”，让我如此地爱他吧。

初遇 Jeff 时，他还不是严格的素食者。但他的形象还挺符合人们对素食者的刻板印象：身材高大，粗犷且不修边幅，在舞台上尽兴地玩着吉他。他爱喝威士忌，充满自信，看上去很悠闲，是那种典型的美国男孩。

我们之间肯定擦出了火花，但当他邀请我一起出去吃晚餐时，我却有所保留。他建议我们一起去一家纯素食餐厅，我特别惊讶，心想：“怎么回事？看起来大大咧咧的他竟然很贴心，毕竟我之前只是简略提过我不吃肉。”

他点了炸鹰嘴豆丸子加皮塔饼，而我则点了扁豆咖喱。当我们开始聊起来时，我才发现，原来他已经是多年的蛋奶素食者了。

后来我们经常约会，一起吃饭的次数也更频繁了。再后来，Jeff 很快转型成了严格的素食者。因此，我们的关系建立在了共同的价值观之上，我们都活的很真实。

去年我过生日时，Jeff 在一家摩洛哥餐厅为我举办了派对，他和老板一起精心策划了菜单，菜单上全是纯素食，包括蛋糕，还为我准备了很特别的礼物。不知道是不是吃素的缘故，他似乎会更加贴心，也懂得尊重我、理解我，完全没有大男子主义，这让我倍加感动。

如今我们已经在一起一年多了，我们非常爱对方，我们会一起做饭，一起写歌，还养了一只叫做 Theon 的可爱猫咪。Jeff 让我成为了最好的自己。每一天，纯素食的选择也在提醒我们不忘初衷，时刻怀有怜悯之心，因为生活中方方面面的成长都有赖于此。

我们希望通过这种方式分享我们对纯素生活方式的热情，即用温暖的让人感到舒服的方式来分享我们的经验，向大家展示，即使不吃动物性食品，我们仍可以享受生活，并且充满了力量和自信。我们热爱这个地球，热爱生活，正因如此，我们对彼此的爱才更加深刻。

食草男的养成需要一位 女主人

编辑 / 张小马 文 /Yu Nan

作者简介：

Yu Nan，在南美洲长大，素食年龄近 36 年，职业为内科医生（M.D.），原在厄瓜多尔三军总医院任职，后至北京中医药大学就读针灸硕士，现居美国。她曾撰写过多篇蔬食营养文章，多次在美国洛杉矶华人社区作蔬食营养健康的演讲。

David Seto，美籍华裔，是位内科医生，在门诊专门看诊高血压、高血脂、糖尿病、心血管疾病等。有一天，他忽然觉得荤食对健康有很大的影响，就考虑转向吃素。可是一个人吃素总是有点难执行，幸好他妻子 Yu Nan 的素食年龄已近 36 年。Yu Nan 也一直认为家人的健康和女主人从厨房里端出来的菜有很大的关系，很多疾病是因为饮食习惯而吃出来的，所以她决定开始研究烹饪和营养。

对于如何搭配一日三餐，Yu Nan 有一套自己的原则：一餐的食材大约比例为 1/4 全谷类，1/4 豆类，1/2 蔬菜水果类，还要有适量的坚果种子。

那么，如何开启食草男的养成之路呢？让 Yu Nan 这位女主人告诉你吧！

早

MONDAY 1

肉桂椰丝水果燕麦粥 + 全麦吐司涂杏仁酱

全谷：燕麦片、全麦面包

豆类：以豆浆熬煮麦片粥

水果：草莓、猕猴桃、蓝莓、无花果

坚果种子：核桃、亚麻籽粉、芝麻粉、杏仁酱

这是我们最常吃的早餐，通常前一天晚上用豆浆、肉桂粉和椰丝熬煮好燕麦粥，第二天早上加热，再加入其他食材，比如亚麻籽粉和芝麻粉，还有营养酵母。营养酵母就是“Nutritional Yeast”，我非常推荐的超级食物，含有完整蛋白质，丰富的维生素 B 族，包括 B_{12} 和其他矿物质，例如锌，味道极好，可以用来调味。

TUESDAY 2

苹果肉桂燕麦粥 + 全麦吐司涂鹰嘴豆酱

全谷：燕麦、全麦吐司

豆类：豆浆、鹰嘴豆酱

水果：苹果、草莓

坚果种子：核桃、奇亚籽、火麻仁籽

如果时间充足，偶尔我会做这个升级版的燕麦粥。鹰嘴豆酱可以自制后放入干净的瓶子冷藏，很适合早餐时涂面包用，不过要几天内吃完，不要浪费哦。

午

什锦蔬菜面

全谷：荞麦面

豆类：煎豆干

蔬菜：胡萝卜、孢子甘蓝、南瓜、番茄、西蓝花以及各种菌类

通常，我们午餐和晚餐是一样的，晚餐我会煮双倍的量，多余的那份尽快用干净的保鲜盒装好冷藏，作为第二天的午餐便当（需充分加热才可食用）。当然，如果你想要每餐煮新鲜的吃，或早起煮当天的便当，当然最好啦。

墨西哥卷饼 + 蒸西兰花

全谷：全麦墨西哥卷饼皮

豆类：豆腐

蔬菜：胡萝卜、西葫芦、番茄、彩椒、紫甘蓝、香草、西蓝花

坚果种子：杏仁、南瓜子

水果：牛油果、苹果

这是我们每周一定会吃的一道菜，做好蔬菜豆子（或豆腐）杂烩，饼皮涂牛油果泥包馅料卷起来吃，很方便。正宗墨西哥卷饼馅料里放黑豆或芸豆，味道也很好。

晚

香拌荞麦面 + 香煎豆干 + 彩椒南瓜煲 + 葡萄香醋烧茄子 + 蒸羽衣甘蓝

全谷：荞麦面（用拌面）

豆类：煎豆干

蔬菜：彩椒、南瓜煲、茄子、番茄、羽衣甘蓝

用适量的芝麻酱、酱油膏、乌醋、香油调好拌面，再配上这么多的中式菜肴，真的是有大滋味呀！

糙米藜麦饭 + 什锦蔬菜豆腐煲 + 青江菜 + 炒孢子甘蓝 + 姜黄炒花椰菜

全谷：糙米藜麦饭

豆类：豆腐

蔬菜：胡萝卜、彩椒、西葫芦、蘑菇、芦笋、青江菜、孢子甘蓝、花椰菜

通常，中式晚餐都会像这样，用米饭搭配不同煮法的豆腐或豆干和各色蔬菜。糙米一定要先用热水浸泡并且清洗后再煮。

WEDNESDAY 3

早

杂粮粥搭配菜包

全谷：黑米、糙米、藜麦
豆类：黑豆、红豆
坚果种子：核桃、黑芝麻、南瓜子
蔬菜：山药、菜包里的各种蔬菜

杂粮粥食材可随意，除了谷物，我还加入了板栗、山药、芡实和枸杞。但要注意，全谷和豆类要和糙米一样，要先用热水浸泡几个小时，清洗后再煮，这样不仅可预防胀气的问题，而且也能更好地吸收食物中的营养。

午

天贝蔬菜三明治

全谷：全麦面包
豆类：天贝
蔬菜：茄子、番茄、彩椒，鲜罗勒叶，各种绿叶蔬菜
酱料：面包涂黄芥末酱

这是我们要赶飞机、赶火车时会带的便餐。天贝是一种发酵过的豆类，是素食者优良的蛋白质选择。茄子煎一下，彩椒烤一下，再涂上黄芥末酱，简直好好吃！

晚

小扁豆蔬菜意大利面

全谷：藜麦意大利面
豆类：小扁豆、豆浆
蔬菜：胡萝卜、番茄、甜椒
坚果：松子

看似简单，小扁豆酱里面可是加了姜末、普罗旺斯草、百里香、牛至叶、罗勒叶、营养酵母、烟熏甜椒粉、芫荽粉、月桂叶、盐、黑胡椒、酱油、纯番茄酱和素芝士呢！如果平时犯懒，可以多煮一些酱料，用保鲜盒冷藏保存。

THURSDAY 4

早

绿果昔水果麦片＋全麦吐司涂牛油果酱

全谷：全谷麦片、全麦面包
豆类：豆浆
蔬菜：羽衣甘蓝
水果：熟香蕉、草莓、黑莓、牛油果
坚果种子：杏仁酱、腰果、奇亚籽或亚麻籽粉

绿果昔是相当便捷的早餐选择，把香蕉、羽衣甘蓝、香草精和烹饪用肉桂粉放入搅拌机搅拌即可。牛油果酱做法就是将熟透的牛油果用叉子捣成泥，加入适量盐、黑胡椒和披萨草或罗勒叶。

午

全素罗马白酱意粉

全谷：全谷意大利面（某些藜麦意大利面的选择只要掌握烹煮时间便非常好吃，是全谷意大利面首选）
豆类：豆腐(以豆腐为基础打成的全素罗马白酱)
蔬菜：羽衣甘蓝、茄子、番茄
水果：水蜜桃

我特别喜欢这个全素罗马白酱，用搅拌机将豆腐、水、柠檬汁、盐和意大利香草打成泥即可，拌上意大利面，撒上现磨黑胡椒，好吃便捷又富含蛋白质，可随意搭配蔬菜。茄子和番茄是用葡萄香醋烹饪的。

晚

中东皮塔饼夹烤蔬菜

全谷：全麦中东皮塔饼皮
豆类：芸豆、黑豆
蔬菜：彩椒、蘑菇、西葫芦
坚果种子：芝麻酱

在加热好的饼皮表面涂上煮好的芸豆或黑豆泥，也可用鹰嘴豆酱代替，放上烤蔬菜，淋上用芝麻酱、香菜搅拌成的酱汁，就是丰富的一餐。

FRIDAY 5

早

全素蔬菜煎饼 + 蒸西蓝花

全谷：全麦面粉

豆类：豆腐

蔬菜：紫甘蓝、胡萝卜、香菜、番茄、彩椒、西蓝花

把紫甘蓝丝、胡萝卜丝、香菜、番茄丁、彩椒丁撒上盐，静置一会儿直到渗出液体；用全麦面粉，混入玉米粉、孜然粉、姜黄粉、芫荽粉等印度香料，还有挤出水分的豆腐泥，一起和成面糊，混入蔬菜，在平底锅中煎一下就做好了。配上蒸西蓝花和小番茄及各种水果。

午

蔬菜小扁豆汤

全谷：藜麦、全麦吐司

豆类：小扁豆

蔬菜：胡萝卜、芹菜、南瓜、番茄、花椰菜、蘑菇、彩椒、紫甘蓝、羽衣甘蓝

水果：柠檬

小扁豆是我最爱的豆类，营养价值高，有丰富的铁质，浸泡和烹饪的时间最短，也最好消化。通常我会把所有食材和小扁豆放入锅里煮，加入姜末、椰奶、月桂叶、孜然、姜黄粉、芫荽粉、甜椒粉、肉桂粉、胡椒盐调味，煮好浓汤后再撒上柠檬汁。

晚

天贝蘑菇白酱意粉

全谷：藜麦面

豆类：天贝

蔬菜：蘑菇、羽衣甘蓝、小番茄

坚果：腰果

白酱是用泡水一夜的腰果、水、盐搅拌成的，倒入摆好煎天贝和蘑菇的烤盘，放入烤箱烤大约 30 分钟，搭配藜麦面和蒸蔬菜。

SATURDAY 6

早

粉红果昔搭配原味麦圈 + 杏仁酱吐司

全谷：Cherrios 原味麦圈、全麦吐司

豆类：豆浆

水果：草莓、熟香蕉、橙汁

坚果种子：亚麻籽粉、火麻仁籽、杏仁酱

虽然绿色的蔬果昔是首选，偶尔也想要变换一下颜色。Cherrios 原味麦圈是我最推荐的谷物麦片，含有丰富的铁和锌，注意要选择无糖原味，同时摄取富含维生素 C 的水果可以帮助铁质增倍吸收。

午

意大利青酱面

全谷：藜麦意大利面

蔬菜：鲜罗勒叶、西蓝花、小番茄

坚果种子：松子、核桃或腰果

一道用搅拌机就能完成的意大利面！把鲜罗勒叶、焯过水的西蓝花、核桃或腰果、柠檬汁、营养酵母、橄榄油、盐放入搅拌机打成泥，拌入藜麦意大利面就完成了！虽然没有豆类，但坚果、营养酵母和西蓝花都是很好的蛋白质来源。

晚

墨西哥杂烩

全谷：全麦饼皮

豆类：豆腐

蔬菜：胡萝卜、彩椒、西葫芦、番茄、蘑菇、紫甘蓝、羽衣甘蓝、牛油果

调料：姜黄粉，孜然粉，甜椒粉，营养酵母

坚果种子：杏仁，南瓜子

晚餐我经常做杂烩，同样的蔬菜使用不一样的香料可以做成完全不同风味的杂烩。用叉子轻轻把豆腐压成小块，放入杂烩汤汁里，就会被姜黄和营养酵母染成像炒蛋的颜色，再把蔬菜一起烩入锅里，卷入全麦饼皮。

SUNDAY 7

早

英式全麦薄煎饼 +

绿果昔加 Cherrios 原味麦圈

全谷：全麦薄煎饼、Cherrios 原味麦圈

豆类：豆浆

蔬菜：羽衣甘蓝

水果：熟香蕉、各种浆果

坚果种子：亚麻籽粉、奇亚籽或火麻仁籽、杏仁酱、核桃、杏仁

英式薄煎饼适合在一个悠闲的周末早晨制作，可以一边享受一边听《Banana Pancakes》这首歌，很有情调。

午

全素披萨

全谷：玉米披萨饼底

豆类： 天贝

蔬菜：胡萝卜、彩椒、西葫芦、蘑菇、番茄、鲜罗勒叶

水果：猕猴桃

披萨饼底我通常买现成的，铺上各种蔬菜，撒上披萨草、黑胡椒、纯素芝士放进烤箱，最后点缀上新鲜罗勒叶。

晚

蔬菜豆腐馅饼 + 烤红薯 + 姜黄炒花椰菜 + 羽衣甘蓝沙拉

豆类：豆腐

蔬菜：花椰菜、羽衣甘蓝、小番茄、土豆

水果：牛油果

蔬菜豆腐馅饼的制作需要使用铸铁锅，用豆腐、土豆制作成豆腐酱，慢慢煮至呈固体状再放入烤箱中烤。

制定自己的一周食谱

DAY1

DAY2	DAY3	DAY4	DAY5	DAY6	DAY7

吃零食可以再大

编辑 / 张小马　文 & 图 / 一卷蔬食

一　　点

“窗外有微风和雨，床上有零食和你。”

零食带来的快感不言而喻，但也带来了一万种罪恶感。零食发出那窸窸窣窣的召唤声，更多的时候都抵不过一句“吃了又要胖”。比起大口咀嚼，更多的是递到嘴边时的犹豫不决。

5 款零添加自制小零食，在任何饥饿时刻都能让你零负担地补充能量。要不不吃，要吃就大口一点！

生食无花果饼

鲜无花果 40g	椰枣干 30g	葡萄干 10g
核桃 20g	椰蓉 20g	无花果干 50g（顶部装饰）

1. 将无花果和椰枣切成小粒之后，与葡萄干一起放入食品加工机中搅拌成细碎粒，再加入核桃和椰蓉，搅拌均匀。
2. 将用作顶饰的无花果干纵切成薄片。将无花果干平铺在一个 6 寸的活底蛋糕模具或方形模具底部，将步骤 1 中的混合物铺在上面，压成约 1 厘米厚。
3. 从模具中取出，切成自己喜欢的形状。

蔓越莓大曲奇

低筋面粉 90g	甜菜根植物奶粉 30g
椰子油 50g	热水 50g
香草糖 25g	蔓越莓干 30g
泡打粉 1 茶匙	盐 1/4 茶匙

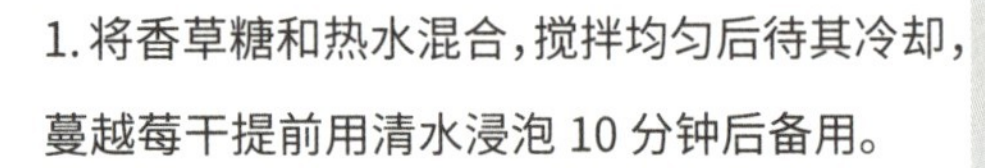

1. 将香草糖和热水混合，搅拌均匀后待其冷却，蔓越莓干提前用清水浸泡 10 分钟后备用。
2. 在一个大碗内放入植物油、糖水、盐混合均匀。
3. 将低筋面粉、泡打粉、甜菜根粉筛入一个大碗里搅拌均匀，放入步骤 2 中的液体混合物，用勺子或橡皮刮刀搅拌成均匀的面糊，拌入沥干水分的蔓越莓干后搅拌均匀。
4. 取一个冰淇淋勺，内壁涂抹一层椰子油，挖一平勺面糊铺在烤盘上，用冰淇淋勺的背面把面糊轻轻压平。
5. 烤箱提前预热至 180°C，开上下火，烤 12 分钟左右即可。

全麦奇亚籽苏打饼干

面团	全麦面粉 50g	中筋面粉 50g	椰子粉 6g	酵母粉 3g
小苏打 0.3g	盐 1g	奇亚籽 2g	水 40g	植物油 20g
	油酥	低筋面粉 30g	盐 0.5g	植物油 11g

1. 将所有制作面团的食材放入一个大碗里，揉成团，盖上保鲜膜，发酵20~30分钟左右。
2. 将所有制作油酥的食材放在一个小碗里揉成团。
3. 将步骤1中醒发好的面团擀成长方形面片，将一边从1/3处向中间折叠，另一边也从1/3处向中间折叠覆盖，三折后的面片收口朝下。
4. 重复步骤3两次，即一共完成三次三折。
5. 将面片擀成长方形后，将油酥按压成方形片状，放入面片正中间，将一边的面皮折叠过来遮住油酥。同样，另一边也翻过来，面片收口朝下。
6. 再重复进行上述步骤两次，即又完成三次三折。
7. 将面片擀成厚度约0.3cm左右的面片，切割成适当大小的方形。
8. 用叉子在饼干上面均匀叉上小孔。
9. 烤箱预热至180°C，开上下火，烤10分钟左右，具体时间视烤箱大小而定。

生食杏仁椰枣糖

去核椰枣干	50g
杏仁	10g
柠檬汁	1 茶匙
枫树糖浆	1 茶匙
盐	1 小撮

1. 杏仁、椰枣干切碎备用。
2. 将椰枣干放在一个小碗里，淋上柠檬汁和枫树糖浆，静置软化约 30 分钟。
3. 将步骤 2 中的食材放入料理机中搅拌成黏稠状，加入杏仁碎和盐，搅拌均匀。
4. 用勺子取出步骤 3 中的混合物，用烘焙纸包裹成糖果状，两边捏紧收口（每次约取 7.5g）。
5. 放入冰箱冷冻约 1 小时左右至凝固即可。

香料烤鹰嘴豆

鹰嘴豆	小茴香	辣椒粉	盐	植物油
150g	1 茶匙	1 茶匙	适量	8g

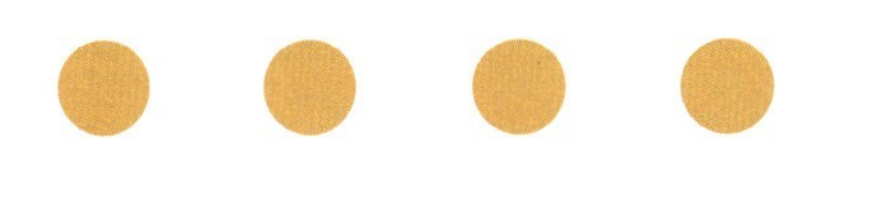

1. 鹰嘴豆煮熟后沥干水分，再将所有的材料放入一个大碗中搅拌均匀。
2. 搅拌好的鹰嘴豆放入烤盘，将烤箱温度预热至 220°C，烤 20 分钟，中间翻面 2 次即可。

男人吃素到底能不能吃饱？

Super Buddha Bowl，又满足又营养的超级能量碗

编辑 / 张小马 文 /Kimberly、Fannie 食谱 & 图 /Sprout Lifestyle

“男人吃素到底能不能吃饱？”这是每一个想要尝试素食却迟迟没有出手的人的尴尬困扰。不过答案其实很简单也很明了：吃素当然可以吃饱啊！除此以外，还更有营养呢！学会 5 种超级能量碗食谱，再也不要吃单调的饭菜啦！

1 碗≈ 56g　1 杯≈ 150ml 或 28g　1 大勺≈ 15ml　1 小勺≈ 5ml

藜麦牛油果碗

营养要点

藜麦营养丰富，含有膳食纤维和完美的蛋白质组合，再搭配富含钙质和矿物质的西蓝花、胡萝卜，加上豆腐、牛油果和花生酱，保证了优质健康脂肪的摄入。这是一份富有饱腹感又营养的全谷物碗。

食材

糙米饭 1 碗
牛油果 1/2 个
胡萝卜 1/4 根
西蓝花 1 杯
老豆腐 1/2 块
紫甘蓝芽苗 少量

酱汁

花生酱 2 大勺
芝麻油 1 小勺
有机酱油 2 小勺
柠檬 1/2 个（榨汁）
水 1 大勺

烹饪方法

1. 糙米浸泡一夜后用高压锅煮熟。
2. 牛油果、胡萝卜切片，西蓝花用开水焯水。
3. 豆腐切小方块后用烤箱烘烤 30 分钟，或用平底锅煎至外皮稍硬呈棕色，然后用部分酱料浸泡入味。
4. 碗里先放上煮好的糙米，依次摆放切好的蔬菜和豆腐，最后淋上酱汁。

红米泡菜碗

营养要点

红米是糙米的一种，微量元素丰富，含人体所需的 18 种氨基酸，营养价值极高。有补血、预防贫血和改善营养不良的效果。甜菜根含有丰富的矿物质、维生素及铁，是补血佳品。毛豆富含蛋白质。泡菜是发酵食品，能够帮助身体吸收食物营养、维持肠胃健康、减少有害细菌的伤害、延长食物保质时间，同时还能提高人体需要的营养元素的价值。

食材

红米 1 碗
杏鲍菇 1 个
快腌甜菜根 适量
毛豆 1 杯
泡菜 1/2 杯
苹果醋 适量
芝麻 适量

酱汁

泡菜汁 适量
芝麻 适量
南瓜子 适量

烹饪方法

1. 红米浸泡后煮熟。
2. 甜菜根切丝后加入苹果醋腌制，最好隔夜。
3. 毛豆用开水煮熟；杏鲍菇切片后用平底锅煎炒变软。
4. 碗里先放上煮好的红米，依次摆放蔬菜和泡菜，最后淋上酱汁。

黑米蘑菇碗

营养要点

黑米是药食兼用的一种米，具有滋阴补肾、健脾暖肝的效果，有“黑珍珠”的美称。搭配高蛋白低脂肪的蘑菇、蔬菜还有鹰嘴豆等，是一碗完美的营养餐。

食材

黑米 1 碗
蘑菇 10 个
菠菜 1 把
甜黄椒 1 个
鹰嘴豆 1 杯
大蒜 2 瓣
红椒粉 适量
海盐 适量
黑胡椒粉 适量

酱汁

橄榄油 1 大勺
芝麻酱 1 大勺
味噌汤酱 1 大勺
柠檬（榨汁） 1/2 个
枫糖浆 1 小勺
蒜蓉酱 2 小勺

烹饪方法

1. 黑米浸泡后煮熟。
2. 鹰嘴豆煮熟后沥干水分，撒上红椒粉、海盐、黑胡椒粉，用平底锅或烤箱烘干入味。
3. 蘑菇切片后用平底锅煎炒变软；菠菜用开水烫熟；黄椒切成丁。
4. 碗里先放上煮好的黑米，依次摆放蔬菜和鹰嘴豆，最后淋上酱汁。

天贝咖喱荞麦面

营养要点

荞麦面口感坚韧，比其他谷物含有更多的纤维素、蛋白质和矿物质。荞麦中所含的云香酸对动脉和血液循环有帮助。天贝是非常好的发酵食品，零胆固醇，高钙、高蛋白。使用咖喱酱进行调味，口感丰富，营养全面。

食材

荞麦面 1 份
花菜 1 杯
天贝 1 块
紫甘蓝 1/4 个
扁豆 1 杯

酱汁

咖喱酱 1 大勺
椰浆　1 杯
孜然粉 1 小勺
海盐 适量
黑胡椒 适量

烹饪方法

1. 荞麦面用水煮熟后，用凉水浸泡一下防止粘黏。
2. 炸锅里倒入少量油，将切成块的天贝炸至金黄色。
3. 紫甘蓝切丝；扁豆用开水煮熟。
4. 平底锅里加入酱汁材料，煮开后加入花菜煮熟。
5. 碗里先放上煮好的荞麦面，依次摆放蔬菜和天贝，最后淋上酱汁。

糙米黑豆碗

营养要点

糙米是非常好的全谷物，比起白米保留了营养丰富的外层，如糊粉层、胚芽等，含有更多的膳食纤维和矿物质。黑豆含有蛋白质和铁元素，常吃能改善贫血的症状。羽衣甘蓝是高钙的绿叶蔬菜。

食材

糙米 1 份
黑豆 1 杯
番茄 1 个
黄瓜 1/2 个
腰果 1/2 杯

酱汁

原味番茄酱 1 大勺
洋葱　1 杯
干牛至叶 2 小勺
新鲜罗勒叶 1 小把
海盐 适量
黑胡椒 适量

烹饪方法

1. 糙米浸泡一夜后煮熟。
2. 羽衣甘蓝洗净后去茎，用平底锅加少许橄榄油炒软。
3. 番茄和黄瓜切片; 腰果用平底锅炒至金黄色。
4. 平底锅里加入少量橄榄油，放入洋葱炒至透明后加入番茄酱和其他酱汁材料，煮 5 分钟。
5. 碗里先放上煮好的糙米，依次摆放蔬菜和腰果，最后淋上酱汁。

作者介绍

Sprout Lifestyle 是一家位于上海的营养教育平台，不仅拥有设备齐全的烹饪教室，还提供线下工作坊、定制宴会、健康烹饪课程以及线上活动及视频课程。除此之外，Sprout Lifestyle 还有一家已运营了四年的健康食品零售店和网络微店。微信公众号 : sproutlifestyle

Kimberly: Sprout Lifestyle 联合创始人，健康教练、营养顾问、长寿饮食老师，擅长中医与自然平衡饮食。

Fannie：Sprout Lifestyle 商务经理、国家认证高级营养师、蔬食营养师、健康管理师，擅长企业员工健康咨询、营养基础理论培训、健康蔬食料理制作。

1

2

3

4

5

要
先

NO MEAT N

身

PROBLEM

命

不吃肉，真的会没劲儿吗？

编辑 / 张小马 文 /NINI

“不吃肉，没劲儿啊……”

面对这样的感叹，我们屡次无言以对吗？

肉，究竟是食欲的表达还是身体的需求？

轻体力的我们能证明吃肉的非必要性吗？

听说不吃肉的运动员越来越多？

这个时候我想起一句俏皮但是严肃的话语，来自乔治·萧伯纳：“莫把任何奇想怪念都归为因为想吃肉而引起的身体不适。”

很多时候，主观意识给我们的结论是一大把缠绕在一起的惯性，很难分清楚来自真实需求还是假想需求。比如说，抗抑郁因子在香蕉皮里含量最高，但是你认真地吃过香蕉皮吗？没有。很多人宁可相信喝酒可以对抗情绪。我们其实没有见过运动员在比赛前吃牛排吃火腿的情形，却坚定地认为“有劲儿”和“吃肉”是分不开的。在我们不愿意承认这种需求被食欲因素干扰之前，先来看看体能状态和哪些营养有关。

体能和食物的思考

我们的传统饮食文化是“每餐有肉”吗？在1980年代以前，我国农村地区以植物性饮食为主（再往前推几十年，几乎全国人民都是）。农民们靠吃农作物就可以保证每天辛苦劳作后也不觉得乏力。也许我们会觉得，那个时候比较落后——没有肉吃嘛。

但是，就是在那段时期（1983～1989年间），美国康奈尔大学T·柯林·坎贝尔教授（T.Colin Campbell）、英国牛津大学理查德·佩托教授（Richard Peto）与中国疾病预防控制中心、中国医学科学院肿瘤研究所的专业人员开展了涉及我国24个省、市、自治区的69个县的3次膳食调查。被《纽约时报》（New York Times）称为“流行病学巅峰之作”。

他们为何来中国进行调查？缘由是当时以动物性饮食为主的美国呈现出癌症爆发趋势，为了在对比数据中证实动物性饮食和植物性饮食对癌症等主要流行病的不同影响，于是，在当时具有低癌症发病率且肉类摄入量很少的中国农村地区自然就成了非常合适的对照组。这一令世界震惊的调查数据证实了我们几千年来以植物为主的传统饮食文化的健康优势——不仅干活有劲儿，而且生病少！

但是，畜牧业强大了，肉类食物丰富了，动物蛋白质崇拜深入人心了，我们觉得每餐都要有肉。没有肉是缺乏营养的。其实不是这样的！

来自运动营养学的研究

运动营养学怎么说？如果有一种最佳营养，能够使运动员在较长的时间内提高运动成绩，是不是就可以说明这种营养方案是可以提高体能的？除此之外的“无力感”会不会是心理作用？

迈克尔·科尔根医生（Michael Colgan）曾经给多位美国奥运会选手做过咨询并帮助他们有效提高了运动成绩。针对用最佳营养来增强肌肉力量有一项有意思的研究：在试验中给两个重量级举重运动员实施一个特殊的营养补充方案，对另外两个运动员只提供没有实际效果的安慰剂。结果是，服用营养补充的运动员最大举起重量增加了50%，而摄入安慰剂的运动员只增加了10～20%。在接下去的3个月中，营养补充组和安慰剂组互换，在成绩方面，原来的安慰剂组又赶上了原来的营养补充组。

这个研究似乎说明：心理作用和营养方案都可以提高运动成绩，而最佳营养方案对于身体体能有至关重要的作用！并且，这位迈克尔·科尔根医生以特殊的维生素方案帮助运动员提高体能，而非依赖任何动物来源的营养。

充沛体能需要正确燃料

碳水化合物是机体运动的第一燃料。关于不同类型的运动到底消耗的是碳水化合物还是脂肪这类问题真是乐此不疲，也因人而异，但是无论如何，这个话题中都扯不进来蛋白质的半点关联。蛋白质是我们的基础，但不是燃料。

在我们熟知的有氧运动中，碳水化合物可以产生2倍于等量脂肪的能量。这个过程也会动用脂肪能源，但碳水化合物所转化的能量是更主动和优化的能源。

而在更剧烈的无氧运动中，碳水化合物的产能是脂肪的 5 倍！因为心肺不能给肌肉细胞提供足够的氧气，我们的机体只能利用碳水化合物来供能。所以碳水化合物是机体运动的第一燃料，并不是脂肪。

碳水化合物作为糖元储存在肝脏和肌肉中，为燃烧能源提供了最便捷的方式。这就是为什么很多耐力项目开始前几个小时，运动员会进食米饭、意面或者复合碳水化合物来增加身体中糖元的储备量。

至此，你应该懂了碳水化合物所扮演的角色，但是千万别问我肉类里面有没有碳水化合物这样顽固的问题！获得碳水化合物最直接的方式是谷物类、豆类、水果类、淀粉类蔬菜，如果非要绕远从肉类中得到，你还要对其中多余的脂肪照单全收。

除此以外，坚果油脂可以提高运动中的携氧能力。碳水化合物是我们机体运动的第一燃料，而必需脂肪酸作为后备能源，还有另外重要意义。优质来源的脂肪酸可以在运动中协助氧气转移，维持红细胞健康。还可以修复因经常剧烈运动而负担过重的免疫系统。脂肪专家伍多·伊拉姆斯博士（Udo Erasmus）说：“脂肪酸可以加快代谢速度，坚果和坚果油脂是高效能膳食的重要部分。”

小结

做事情没劲儿真的不是每顿饭都离不开肉的理由哦！更可能是你的喜好和惯性！而且这样的饮食习惯很有可能会导致蛋白质超标，增加肝肾负担，或者饱和脂肪过量，增加心血管系统负担。

另外，你也许忽略了饮水，肌肉中的 75% 是水，每当流失 3% 的水，力量就会减少 10%，速度就会减慢 8%。你是不是重视了食物而忽视了水？无力感的原因有很多，不是肉！

我们需要额外补充肌酸吗？

首先，你是不是回避了“肌酸是我们自身可以产生的物质”这个前提？

固然，肉类提供肌酸，那是因为我们自身也会产生。

肌酸的产生对促进肌肉再生和促进运动后体能恢复有积极意义，所以身体才会按需求制造它。因为有了肌酸，肌肉可以更加努力地为你工作。所以，从肉类中提取的肌酸被作为常用的运动补充剂，而运动员是肌酸补充剂的最大消费群体。

额外补充肌酸只适合那些以秒来计时的运动员。凡是我们自身能够产生的物质，额外补充都未必是一个好的办法，因为身体未必照此买单。身体相信我们自己加工的才是好的，也是够用的。所以，以得到肌酸为理由去吃肉，其实是在为此承担大量胆固醇和饱和脂肪酸的风险。

如果额外补充肌酸补充剂，因体质不同以及饮水量不够等问题，可能会导致血压升高或腹泻。肌酸的积极意义只适用于参加竞技比赛的专业运动员，并且要由专业教练指导。

我们要注意区分“锻炼身体”和“提高竞赛成绩”这两种不同的程度和营养方案，不懂得这两者的区别，就会给身体造成“额外的负担”。

素食加跑步，斯科特也曾怀疑过！

“我的两片肺叶尖叫着，索求更多的氧气，肌肉哭喊着，濒临崩溃的绝境。但我始终相信答案就在我的心里。”

美国长跑名将斯科特·尤雷克（Scott Jurek），被誉为“超马之神”。在“世界上最难赛跑”的恶水超级马拉松（全程 135 公里）中，跑到半程的午夜，气温高至 40°C，斯科特第一次不预期地被自己的身体打败。他倒在路旁狂吐，痛苦地思索着问题的原因。

恶水超级马拉松地点选在低平的“死亡谷”，时间选在一年中最炎热的时节。某运动鞋厂赞助的跑鞋都被灼热的路面烫化了。这就是恶名远播的恶水超级马拉松比赛。

他此时没有力气喝水，也没有采纳队友让他去睡一会儿的建议。意识中闪过参加恶水赛之前人们的警告。有人说他还没有休息够，因为 2 周前他才刚刚跑完西部百英里耐力赛并抱回冠军奖杯；还有人说，他的饮食结构无法为身体提供充足的能量（7 年来他只吃植物性食物）。

他推开这些问题，对自己说，我此时真正应面对的问题是：我是否低估了恶水超级马拉松比赛的难度？的确，在此之前，一名海军陆战队员在 17 英里处就弃权了，另一位参加沙漠赛的老手，因为在 30 英里处发现自己的尿液黑得像咖啡，也宣告弃赛。

在重新评估了恶水赛中被自己低估掉的所有不利因素后，斯科特对自己说：“方法很痛苦，却很简单。那就是跑到你跑不动为止，然后，继续跑。”

神奇而幸运的是，他用自己的直觉和意志践行着素食加跑步的极致人生，最终获得了恶水超级马拉松比赛的冠军。不仅如此，他还赢得过硬石 100 公里赛、铜峡谷超级马拉松比赛、米渥克 100 公里赛等 10 多次超级马拉松比赛的冠军。

至少，坚持素食并没有拖他的后腿，而且将他的方向感和意志力推向了更高的高度。

种能量食物，给男人们的少肉建议！

花一些时间了解食物营养，你将发现植物中有很多超级能量食物。用一些时间练习素食料理，你会惊喜于来自植物的丰富口味。它们广泛分布于蔬菜、水果、坚果、种子、谷物中，用优秀的植物代替动物食品，可以得到植物特有的营养素（酵素、植化素、膳食纤维），并且可以逐渐减少我们身体中过量的产能营养素（碳水化合物、脂肪、蛋白质）。

用牛油果代替鸡蛋更美味

1

鸡蛋是含有胆固醇、抗生素的完全蛋白；牛油果是富含不饱和脂肪酸（清除胆固醇）和维生素（比如叶酸）的超级食物。相比之下，牛油果虽然是蔬食中的高油脂食材，但是在脂肪类型上比起鸡蛋更占优势（不饱和脂肪酸为主）。作为植物来源，其中的矿物质和维生素家族也比鸡蛋更加显赫。

说起口味，牛油果更适合咸味料理，例如经典的牛油果蘸酱油，例如加了胡椒和海盐的牛油果酱。所以，打开脑洞，凡是用到鸡蛋的地方基本都可以用牛油果来替代！我就曾经把日式古早酱油饭和韩式拌饭中的鸡蛋替换成牛油果呢。它的形状、分量、个头，也的确和鸡蛋很像很像！

用小扁豆代替牛肉不缺蛋白质

2

营养部分，小扁豆也在超级食物行列。和豆类相比，它更接近蔬菜，更易消化；和肉类相比，它含有同等的蛋白质，极少的脂肪，植物特有的膳食纤维，而且不含人工激素！因为 3 大产能营养素的绝佳比例，才有了“小扁豆减肥法”这样特别健康的瘦身方法！吃“肉”的同时，不必担心变胖！

之所以推荐用小扁豆做肉饼，还有一个非常重要的原因：小扁豆做的“肉”饼可以像往常的肉饼一样冷冻保存，于是我们可以一次做 10 ～ 20 个，随时拿出来煎一下就好了！当我试过用鹰嘴豆和小扁豆分别做汉堡肉饼之后，我确信更接近牛肉口感的是小扁豆！

用椰子水代替运动饮料更天然

3

持续的运动过后，身体流失水分的同时也流失了宝贵的体液，体液中的无机盐对于身体维持新陈代谢非常重要。嫩椰子水中的电解质和我们血液中的相似，在过去的战争中，人们曾用椰子水进行静脉注射，达到迅速补充体液的目的。所以椰子水也叫做“生命之水”。

和市场上很多的人工运动饮料相比，椰子水就是大自然的天然运动饮料。它以天然的方式将矿物质（钾、钠、钙、镁……）、维生素和水复合在汁液中，比人工添加的方式更易被身体吸收，恢复体力，并且提高我们的基础代谢，维持高效的生理活动。

这也正是椰子水可以促进减肥的原因所在。但是注意尽量选择 100% 的椰子水，不要选择添加糖类或者其他人工成分的椰子饮料。还需要注意的是，椰子水适合作为运动饮料在剧烈运动后补充水分和电解质，但因为含有一定的糖分，所以不建议替代所有日常饮水。

用火麻奶代替牛奶助消化

4

火麻仁因为蛋白质和 Omega-3 的含量而出名。我也是因此了解它的。大约每 3 大勺火麻仁中就含有 10 克的蛋白质，用它做成的火麻奶自然也超过了牛奶的蛋白质含量。珍贵的 Omega-3 的含量是三文鱼的 3 倍，在海洋污染加剧的今天，它是比海洋鱼类更安全的来源。

火麻仁含有可溶性和不可溶性膳食纤维，促进消化，维持肠道健康，可以预防结肠癌风险。而且，火麻仁在长久的历史中是用来供给人们能量和提高耐力的。它是你必须知道的超级食物明星，而且它和奇亚籽一样会出现在专业运动员的能量布丁中。

怎样制作火麻奶？你只需要把去壳的火麻籽（1/4 杯）、水（4 杯）、海盐（少许），放入搅拌机高速搅拌 1 分钟即可！制作好以后还可以冷藏保存 3 ～ 5 天（当然不只是咸味，你也可以用红糖、椰糖、龙舌兰糖浆等代替海盐，制作一杯甜味的火麻奶）。

用豆奶制作植物奶昔很靠谱

5

大豆是你最熟悉的，也是毋庸置疑的最优质植物蛋白。重点是，它还是完全蛋白。我们自己用完整的大豆来制作豆浆，比起食用大豆分离蛋白（比如一些素肉，还有各种蛋白粉）更加安全。

大豆（黄豆）在豆类和谷类中蛋白质含量 NO.1，当然，它也超过了所有肉类的蛋白质含量。所以时常吃一些豆制品，是补充蛋白质非常高效的办法。制作豆浆（豆奶）之前建议将大豆浸泡并换水 24 小时，这个过程中可以激活大豆中沉睡的营养，使很多大分子蛋白质分解成小分子氨基酸，提高身体的吸收率。因此用豆浆机直接把干豆做成豆浆的偷懒做法是不利于营养吸收的，一定要提前浸泡豆子。

我们用豆奶 + 香蕉（可以是冷冻的）+ 浆果（或其他冷冻水果）就可以制作 1 杯替代蛋白饮料和蛋白粉的奶昔，来补充完整而安全的植物蛋白。有大豆这么优秀的存在，不要担心蛋白质不足，这也是国外素食运动员常用的蛋白饮品。

用亚麻籽油代替深海鱼油更安全

6

海洋污染以及生物毒素富集已经不是最新资讯，如果你还认为三文鱼、金枪鱼是高档健康食物就真的 OUT 了。你想说吃鱼可以得到 Omega-3 系列脂肪酸，其实鱼是通过海藻得来的。

亚麻籽是最好的也更安全的解决方案，而且我国北方地区比如内蒙古有大量种植。每天一勺亚麻籽油就可以代替 3 天吃一次鱼肉的多不饱和脂肪酸分量。何况制作鱼油胶囊的胶质原料也不是那么可靠。

注意，亚麻籽油不饱和程度极高，一定要买深色小瓶装，开封后冰箱冷藏，2 周内用完，不可高温烹调。另外还可以直接使用亚麻籽或奇亚籽加入到果昔中一起搅拌，没有脱壳的亚麻籽比亚麻籽油更容易保存。

健身的路上
请放过鸡肉吧

蛋白质的深度解析
打破蛋白质的神话

编辑 / 张小马　文 /NINI　图 / 帕姆

在吃素食之前的一段时间里，我也是健身爱好者：每天去健身房报到，有自己的私人教练，几乎总是出现在自由器械区域，钟爱体能负荷更高的杠铃操、搏击操和动感单车。每隔一段时间就往身体成分仪上站一站，打印出一份能看清四肢与躯干不同部位的肌肉、脂肪成分数据，还拿到过 WHR（Waist-to-Hip Ratio 腰臀比）的健身房冠军。

不同于靠节食或跳操的单纯方式对付脂肪，所有健身房爱好者都一样地重视肌肉比例的增长。因为我们知道：肌肉组织比脂肪组织消耗更多的热量，肌肉比例和易瘦体质密切相关。

所以，我也曾是为了得到“优质蛋白质”在早餐吃几个蛋清不吃蛋黄的食物偏执者。在我当时的知识结构里，高蛋白低脂肪的饮食由鸡胸肉、金枪鱼、鸡蛋清和瘦牛肉这些动物来源的佼佼者组成，于是这些美味会被安排在健身者的每周食谱中。似乎每天补充这些优质的肉食是健身者的日常铁律。

但是，顽皮的肌肉并不和我们摄入的动物蛋白质成正比。如今，欧美健身明星经常在电视采访中说“3 分练，7 分吃”，其实，选择正确的燃料（食物）比你的锻炼强度更重要。

看完这篇文章，也许你会发现你高估了身体实际需要蛋白质的分量，也许你忽略了另外一类更优秀的蛋白质的存在，也许你会和我一样，放弃健身必须吃鸡肉的念头。

听我说：吃肉或不吃肉，蛋白质都在那里。

为什么健身房钟情于鸡肉？

首先我想说，不仅仅是健身者钟情于鸡肉，我们在生活中本来就对鸡肉情有独钟。有数据显示，我们吃掉的鸡肉是猪肉的 2 倍，牛肉的 7 倍，鸭肉的 11 倍。并且，全球鸡肉消费量仍然在增加。

追究主要原因，是餐饮业尤其是快餐业引导了我们的习惯。20 世纪 30 年代肯德基创始人哈兰德·森德斯（Harland Sanders）发明了涂在鸡肉上的含有 11 种调料的秘方以及高温高压油炸鸡肉的烹调方式。之后，随着快餐业的迅速扩张，鸡肉成为最适合油炸的肉类，俘获了大多数人的味蕾。

另外，鸡肉被快餐业青睐的原因也和易取得和易操作相关。从纪录片《食品公司》（Food, Inc.）中可以看出，肉类企业的发展壮大和快餐业的流行密不可分。鸡肉是动物集约化生产中占用空间最小的，也是泛滥使用激素和抗生素之后成长周期最短的！换句话说，鸡场的老板可以把几千只鸡非常拥挤地挤在一个封闭的养鸡场里（而且是禁止参观的），并且在 1 个月内收获鸡肉。因此相比于猪肉和牛肉，鸡肉更廉价。这也是重要原因之一。

鸡肉的烹调方式相比其他肉类更简单，不需要运用调味来去掉猪肉和羊肉的一些特有味道，也不需要像大厨那样擅长处理牛肉的质地。白煮鸡肉就可以加到沙拉中去，所以被许多不想损失蛋白质的减肥达人所喜欢。

从营养角度来看，在《公共营养学》一书中的动物性食物营养价值中提到：“畜禽肉中的蛋白质约为 10% ～ 20%，而鸡肉、鹌鹑肉的蛋白质几乎是最高的，可以达到 20%。”再从脂肪角度来看，鸡肉的平均脂肪含量为 9% ～ 14%（不同部位的脂肪含量差异较大，鸡胸肉的脂肪含量最低，可以达到 5%，但并非零脂肪），火鸡肉则更低，大约为 3% 左右。

所以健身人士都比较喜欢白煮鸡胸肉或者白煮蛋作为补充蛋白质的饮食（鸡胸肉是整只鸡身上蛋白质最高、脂肪最低的部位）。

基于以上“优势”，鸡肉成为大家钟情的肉类并不奇怪。但是以上观点仅仅是和同类（肉类）比较。难道富含蛋白质的仅仅是肉类吗？

蛋白质就是肉？强大的惯性！

“我们最擅长把显而易见的东西隐藏起来。”——歌德

我们中的大多数人都自称学过生物学，但是关于“蛋白质就是肉”的误区，却是那么根深蒂固。这源自几十年前一些知识误导带来的持久惯性。

在半个世纪以前，很多国家是植物性饮食王国。无需过多的思考，只因遵循“大自然给我们什么，我们就吃什么”这种素多荤少的饮食结构。随后，发达国家的快餐业带动了肉、蛋、奶产业的蓬勃发展，也入侵了很多原本吃肉并不多的民族。

不管你信不信，肉、蛋、奶的深入人心，和宣传方式有密切的联系。就像“补充维生素 C 就要喝橙汁一样”，对迫切需求健康的人进行误导式的知识输入能产生很可观的产业利益。现在我们知道，青椒的维生素 C 含量也很高，但是青椒无法做成商品得到利润。“补钙就要多喝牛奶”也是一样的道理。这在今天看来十分滑稽，但是在几十年前是十分具有蛊惑性的。于是在很长一段时间内民众相信只有穷人才吃植物饮食，餐桌有肉类是富贵生活的象征。

这样的例子不胜枚举。如果广告对人的影响可以持续 3～5 年，然后被新的广告和知识刷新，那么企业利益与政治立场对民众的联袂影响，至少会是 30～50 年。这就是“强大的惯性”。因为我们要知道，某些知识误区是在我们出生之前就已经被写好的。

多一些思考，动物蛋白还是植物蛋白？

如果我们愿意多花一些时间了解自然，就会知道，自然界中蛋白质含量最高的是植物性食物。它是螺旋藻，不是牛肉。

蛋白质是由氨基酸分子组成的，总共 25 种氨基酸通过不同的排列组合可以组成不同的蛋白质。例如我们身体中的血红蛋白、胶原蛋白、肌球蛋白……其中 8 种氨基酸人体不能自己合成，要从食物中摄取，因此叫做“必需氨基酸”（对婴儿来说是 9 种）。

那么这些必需氨基酸，我们选择植物还是动物？

事实上，人体是无法分辨这些必需氨基酸是植物性来源还是动物性来源的。氨基酸的生化本质是一样的，在人体中的吸收过程也是一样的，大的蛋白质分子通过我们的消化道被胃部的胃蛋白酶和肠道的胰蛋白酶水解成小的氨基酸分子，然后在肠道进行吸收和转运，通过循环系统补充到全身，再次合成身体需要的各种蛋白质分子。因此并不存在动物蛋白质更优质的道理。

必需氨基酸指的是饮食上的必需，并非动物性食品的必需。我们一直放不下的动物蛋白质中的氨基酸，也是从植物中得到的。这一点都不难想象，产生牛奶和牛肉的牛，以前吃的是草，现在吃的可能是豆类和谷类制成的饲料……我们对天然蔬食的直观感觉总是“缺乏某些氨基酸”，但是，植物才是所有必需氨基酸的根源。

蛋白质最好的来源不一定是那些蛋白质含量最高的食物。如果这样想，我们都吃蛋白粉就解决问题了。天然食物，不仅仅只有蛋白质这一个指标，我们还要综合考虑食物中其他营养素的存在和配比。举例来说，肉类提供的能量中有 25% 来自蛋白质，但是另外 75% 来自脂肪（大部分是饱和脂肪）。大豆的能量有一半来自蛋白质，但是剩余能量却来自于富含纤维的复合型碳水化合物以及健康的不饱和脂肪。这才是植物饮食的更大优势所在。

从营养学入手，对动物蛋白是否存在倾向？

在公共营养学中，植物性的营养价值和动物性食品的营养价值是分开章节学习的。它们之间并没有进行横向比较。

对于植物来源和动物来源的食物，营养学分开阐述了五大营养素（蛋白质、脂肪、碳水化合物、维生素和矿物质），这说明它们在植物和动物性食物中都是存在的。仔细看来，维生素和矿物质的含量以及多样性，植物都明显优于动物；而脂肪则明显少于动物性食品；蛋白质不相上下，因为无论是植物还是动物，都有优质蛋白的佼佼者。

还有一个没有被提及的第七大营养素——膳食纤维，这是在公共营养学中篇幅较少的一个重要存在。如果要比较这个重要角色，那么植物是毋庸置疑的获胜者，因为动物性饮食完全不具有这一类营养物质。

从营养定义去思考，蛋白质是一类构成生物体结构的大分子，是我们的物质基础。形容一下，就如同盖楼的水泥，它是我们的架构。蛋白质架构了我们的身体，也架构了植物机体。所以它的存在对于动物和植物同等重要，从这个定义来看，植物凭什么缺乏蛋白质呢？

公共营养学可以给我们主流饮食结构（荤素搭配的饮食结构）一些良好的建议，不过在素食营养方面，没有给出更多的支持。它呈现数据和定义，为我们铺垫基础知识，然而待我们继续思考的问题太多太多了。

我们到底需要多少蛋白质？

我们该担心的不是蛋白质不足，而是过剩。

曾经被畜牧业修改膳食指导的蛋白质崇拜时代已经过去，如今每个国家都有不同的蛋白质推荐标准，并且这个标准秉承客观的态度一直在下降。但是，大多数人仍有担心蛋白质不足情结。

在这里，我向大家介绍能量来源分配的概念。六大营养素中，碳水化合物、脂肪、蛋白质被称为产能营养素，因为我们身体的能量来源于食物中的这 3 大类营养物质，而不是维生素、矿物质和水。这是它们的本质区别。这 3 种产能营养素之间可以实现能量转化，但是任意一种都不能完全替代另外两种。

因此，在日常饮食中，碳水化合物、脂肪、蛋白质在总能量供给中应该有一个恰当的比例。通俗地解释，任何一个人，都不可能只依靠脂肪或者碳水化合物来获得全部能量。而这个“恰当的比例”在每个国家都有不同的指导建议。

世界卫生组织推荐每人每天摄入的总能量中有 10% 来自于蛋白质。那么，来看看我们常见的食物中，哪些食物的能量配比中超过 10% 的部分是由蛋白质提供的呢？太多啦。

大部分的豆类（小扁豆、菜豆）、坚果、种子、谷物以及蔬菜所提供的能量中，都有 10% 来自蛋白质。坚果和种子介于腰果的 12% 到南瓜籽的 21% 之间，蔬菜介于土豆的 11% 到菠菜的 49% 之间。藜麦和大豆是蛋白质的佼佼者，分别是 16% 和 54%。

请注意，这是能量来源配比，不是食物成分含量概念（每一百克可食部分所含某种营养素的重量）。依据这个考量办法，我们能够更加确切而直观地得知我们从植物中获得蛋白质的充足性和合理性（注：水果是植物中蛋白质供能区别较大的食物，从 1% 到 16% 都有，这也是水果减肥法容易造成蛋白质不足、能量下降的原因）。

从食物来源配比的角度来分析，除非我们是高碳水化合物或者高脂肪的垃圾饮食结构（而这种结构对于严格素食者来说也很难），只要在膳食中能够获得足够的能量，就可以获得足够的蛋白质。所以当有人问我蛋白质的问题，我都会简单地回答：每天的热量够了就不用担心。

哈佛科学家在研究素食者膳食之后得到一个结论：想要找到一种造成蛋白质缺乏的混合素食的饮食结构，简直太难了（注：混合素食的意思是吃不同种类的植物，而不是只吃水果或者只吃薯类）。

还需要了解的是：10% 的蛋白质建议量已是安全上限。根据 T·柯林·坎贝尔博士（T.Colin Campbell）的蛋白质摄入量与癌症关系的对比实验研究所述：“每日饮食中 10% 的蛋白质建议量已远远超过实际所需，但大部分人每天食用的蛋白质却都超过了这个建议量”。

氨基酸还是蛋白质？

搞清概念，不要诡辩！

这是一个很典型的问题。一个好朋友问我：“你有没有研究过这种说法？某种动物蛋白质只能靠吃肉食，无法从植物中得到。而且人体需要那种蛋白质，所以必须吃肉。”

这简直是一个概念混淆的问题！

首先，我们需要哪种特定蛋白质吗？答案是否定的。我们身体中各个组织的蛋白质，全部都是由氨基酸“组装”而成的，而这些氨基酸是食物中的蛋白质经过消化分解以后的产物。可以说，没有吃掉蛋白质就直接得到蛋白质的道理，必然要经过分解再组装。你分解的可能是大豆蛋白和麦谷蛋白，而合成的可能是肌球蛋白或胶原蛋白。所以，无论我们吃哪一种蛋白质，它分解后的本质都是氨基酸。这也是口服胶原蛋白不攻自破的道理。

其次，组成各种蛋白质的 25 种氨基酸，没有哪种氨基酸是动物特有而植物没有的。原因是动物得到的氨基酸也是生物链中的植物提供的。人类身体无法合成的 8 种必需氨基酸，也全部都可以从植物直接获得。小麦中的麦谷蛋白、玉米中的谷蛋白，还有大豆蛋白、藜麦蛋白，它们都是“完全蛋白”，即含有全部 8 种必需氨基酸（藜麦蛋白含有 9 种必需氨基酸，还包含孩子需要的组氨酸）。

人类有血红蛋白，牛奶有酪蛋白和乳清蛋白，植物有各种酶蛋白，不同的生物体利用氨基酸合成自己需要的各种不同的蛋白质，因物种不同而具有不同的蛋白质分子。氨基酸才是万变不离其宗的基础。

这是一个混淆氨基酸概念和蛋白质概念的代表性问题。我们不需要特定的蛋白质，但是我们需要种类齐全的氨基酸，而这些氨基酸必须从食物中获取的不过 8 种，它们在植物中广泛存在。

高蛋白危险，你的肾脏还好吗？

患有肾脏疾病的机体是最挑剔食物的。其中一个原则就是低蛋白饮食。反过来推想，长期的高蛋白饮食也会对肾脏造成损坏。因为对蛋白质进行分解和代谢是肾脏周而复始的艰苦工作。

现代人生活中 90% 属于高蛋白饮食，肾脏都处于或轻或重的疲劳状态中，而且没有间歇来恢复。对于那些肾脏已经有点损伤的人来说，每吃一顿高蛋白膳食，特别是高动物蛋白，就会对肾脏造成一次新的危害（植物蛋白则不会进一步伤害肾脏）。

前几年曾经风靡一时的哥本哈根减肥法（即高蛋白减肥法），简直是用健康来换体重的偏执手段，对肾脏甚至肝脏的毁坏可想而知。

除此之外，高蛋白饮食也会增加骨质疏松的概率。这和你以前听说的“喝牛奶预防骨质疏松”完全相反。查看乳制品发达地区的数据便可知道，这些每日的膳食中都有牛奶的人群同样拥有骨质疏松的高发病率。

这是什么原理呢？蛋白质是酸性的，要适可而止。我们的血液 pH 值维持在非常敏感的 7.35 ～ 7.45 之间，如果蛋白质摄入过多导致体液酸性，血液就会从骨骼中借来钙质以维持血液的弱碱性值。长期如此，相比于每天正常摄入蛋白质的饮食结构，高蛋白饮食人群会变得更容易骨折。持续 6 个星期的低碳水化合物、高蛋白饮食会给肾脏带来明显的酸代谢负担，增加肾结石风险，破坏钙平衡、增加骨质疏松的风险。

大力水手不是传说

大力水手的故事并非异想天开，而是非常讲科学的。

史泰龙的前任营养顾问迈克尔·科尔根医生（Michael Colgan）这样说：“人们认为每天需要吃进去更多的蛋白质才能强壮肌肉是一个误区。”

事实上，经过专业训练，健美运动员每年所增加的肌肉最多不过 3.6 千克。换算一下，这意味着每天增加约 9.5 克。并且，我们的肌肉组织中只有 22% 是蛋白质成分，所以每天摄入

2.8 克蛋白质（相当于 1/4 茶匙）就是增长肌肉的蛋白质份量，这就是满足增长肌肉最大限度的需要。

你不会因为多吃了蛋白质而多长肌肉，这只是你一厢情愿的想法。相反，多余的蛋白质经过身体代谢排出体外，这是在给身体带来负担而非益处。你需要的不是大量蛋白质，而是优质蛋白质。

关于优质蛋白质，有这样一项研究：营养学国际权威德国道尔蒙大学研究指出，人类每日所需蛋白质通常有两种，如果是动物蛋白质需要 60 克，如果是植物蛋白质则需要 30 克，而取自发芽过程中的活性植物蛋白，只需要 15 克就够了。可以看出究竟什么才是你更需要的优质蛋白质了吧?

大力水手吃什么？菠菜。其中 49% 的能量来源于蛋白质。如果我们让大力水手吃牛肉，则 52% 的能量来自于蛋白质。他不仅不缺乏这 3% 的差别，而且还要为每餐贪吃牛肉而增加更多的锻炼以减去牛肉中不容小觑的脂肪……

开始重视植物蛋白质吧

本文并非蛋白质的新发现，而是返璞归真式的反思。从生物链角度看去，太阳能赋予植物能量从而合成营养，牛可以通过吃嫩草的营养长出牛肉和牛奶，我们吃牛排和奶酪只是一个获得食物（蛋白质）的捷径，而非唯一的途径。

环境毒素一直都在生物链的层级上逐级递增，肉蛋奶集约化生产也导致更多的激素和抗生素进入我们的食物。我们处在食物链的最高端，这种舍近求远的生存方式并不能使我们获得最好的营养，而是使身体承载着越来越多的问题。

也许你无法一下子变成素食主义者，但是你可以开始重视另外一半蛋白质成员的存在：植物蛋白质可以提供更好的身体原料，而且让你更轻松。

满满满满满满满满满满满满满满满满满满满满满满满满满满满满满满满满
满满满满满满满满满满满满满满满满满满满满满满满满满满满满满满满满
满满满满满满满满满满满满满满满满满满满满满满满满满满满满满满满满
满满满满满满满满满满满满满满满满满满满满满满满满满满满满满满满满
满满满满满满满满满满满满满满满满满满满满满满满满的**植物蛋白质食谱**

火麻仁菠菜奶昔

(2 人份)

你知道吗？3 大匙火麻仁中就含有 10 克蛋白质！用它来制作的植物奶简直完胜牛奶的蛋白质含量。相比于牛奶中不利于健康的饱和脂肪，火麻仁含有脂肪中的黄金——Omega-3 脂肪酸。并且在喝之前才制作的奶昔不会导致多不饱和脂肪酸过度氧化。我很喜欢火麻仁奶，比起腰果奶它更加清淡，百搭百用。

火麻仁 4 大匙，饮用水 600ml，嫩菠菜 2 杯，梨 3 个（去核切块），香蕉半根，杏仁酱（或泡软的杏仁）2 大匙，柠檬汁 1 大匙，姜末 2 小匙，天然盐（提味）1 小撮，冰块 1 杯，椰枣（或 1 大匙枫树糖浆）1 颗

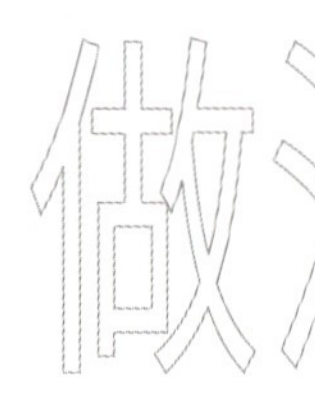

1. 火麻仁加饮用水一起高速搅拌做成火麻仁奶，浓稠程度可以通过增减水量来调节。
2. 所有食材放入料理机，高速搅打 30 ～ 60 秒直到柔滑即可。

煎豆腐牛油果寿司

(2 人份)

豆腐由高蛋白植物黄豆制成，当然也少不了优质蛋白质。每 100g 豆腐中含有 16 ～ 20g 蛋白质，和鱼类和鸡肉相当。牛油果也是水果中蛋白质含量的优胜者，每个牛油果可提供 3 ～ 7g 蛋白质（因为大小不同）。这是一道赛过鱼生的健康寿司吧。

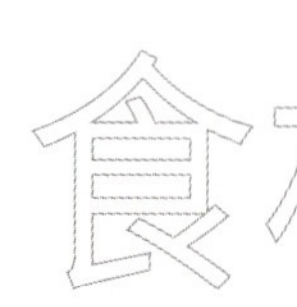

北豆腐 1 盒，成熟牛油果 1 个，紫菜 1 片，盐 1 小匙，胡椒半小匙，寿司酱油 2 大匙，柠檬汁 1 大匙

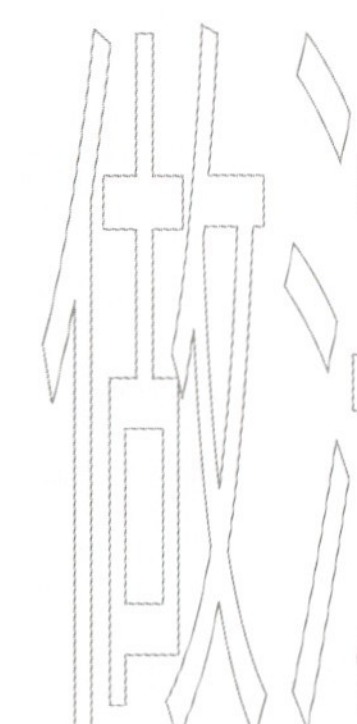

1. 豆腐冲洗后切厚条，在浅碗中加入盐和胡椒粉，浸泡豆腐 20 分钟（用盐腌一会儿的豆腐烹调时不易碎烂），然后沥干水分备用。
2. 在平底锅中放入植物油，将豆腐块轻轻煎至两面金黄。
3. 牛油果切厚条，加少许柠檬汁和盐保持新鲜，紫菜剪成长条状。
4. 用紫菜包住豆腐块和牛油果条，蘸酱油调味。

藜麦早餐超级碗

(1 人份)

作为神奇的完整谷物（其实是种子），藜麦含有高达 16% 的蛋白质，根据品种不同，最高可达 22%。牛肉的蛋白质含量也不过 20%，这样吃早餐，还担心不吃牛肉一天没劲儿吗？

混合藜麦 1/4 杯，杏仁奶 1/3 杯，蓝莓 1/3 杯，香蕉 1 根，花生酱 1 大匙

1. 用 2 倍的水煮藜麦，煮好后放入碗中叉散放凉。
2. 依次向碗中摆入蓝莓和香蕉，倒入杏仁奶。
3. 混合花生酱，开始享用。

焦糖天贝生菜卷

(2 人份)

天贝（TEMPEH）是素食圈的蛋白质当红食材，每100g 天贝所含蛋白质高达20g，比嫩豆腐更“干货”，与牛肉打平，不愧是增肌减脂必备！另一个优点，天贝是经过发酵的豆制品，所以比常见的黄豆制品更易消化，不易胀气，还提高了大豆蛋白的消化率。给大家介绍这道焦糖天贝，可以代替糖醋小排喔！

食材

天贝 200g，蔬菜高汤半杯，植物油 2 大匙，蒜末 1 小匙，盐半小匙，枫树糖浆 3 大匙，任意生菜一把

做法

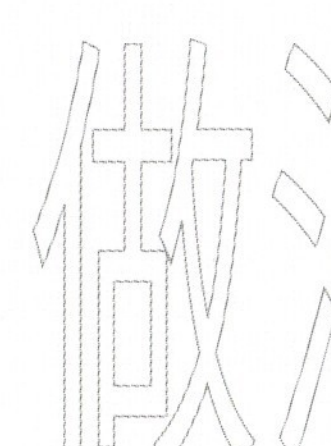

1. 混合液体调味料，加入盐和蒜末调匀。
2. 天贝切成薄片或细条。
3. 将液体倒入平底锅，摆入天贝，开火煮至收汁。
4. 用生菜卷起来即可。

鹰嘴豆番茄咖喱饭

(2～3 人份)

鹰嘴豆在中东地区的身份相当于我们的黄豆。煮熟的鹰嘴豆含有 9% ～ 12% 的蛋白质。在丰富蛋白质食物来源的过程中，值得把鹰嘴豆纳入你的三餐！除了制作鹰嘴豆泥以外，用它代替鸡肉来做咖喱不要太合适啦。

食材

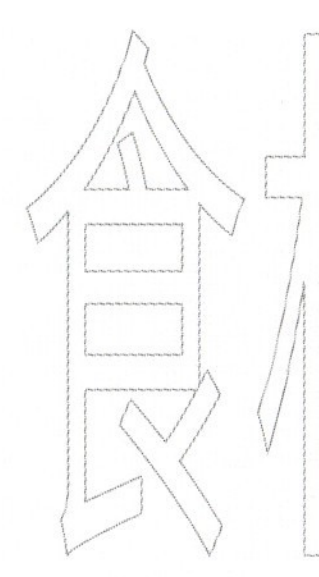

印度香米 1 杯，水 1 杯，盐少许，鹰嘴豆 1 罐（或煮熟鹰嘴豆 400g），橄榄油 2 大匙，咖喱酱 2 大匙，椰奶 1 罐（1.5 杯），洋葱 2 个，大蒜 3 瓣，柠檬半个，樱桃番茄 1 杯，罗勒叶 1 杯，酱油 1 ～ 2 大匙（依酱油口味），枫树糖浆 1 大匙

做法

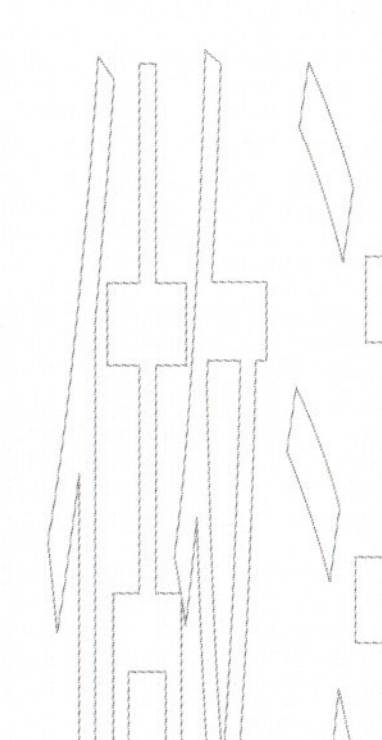

1. 锅中加入大米、水、盐煮开，沸腾以后盖上盖子，小火再煮 8 ～ 10 分钟。
2. 同时切好洋葱和大蒜，柠檬取汁。
3. 炒锅中放油，煸炒洋葱 5 分钟变软，放入大蒜炒 1 分钟。
4. 加入 1 大匙咖喱酱和椰奶，适量盐，并品尝调整味道。
5. 然后加入鹰嘴豆、绿色蔬菜（如果喜欢）、酱油，中火煮 5 分钟，咖喱沸腾以后改小火。
6. 最后加入番茄和罗勒、柠檬汁，慢炖 2 分钟，再尝一下，还可以加枫糖糖浆。
7. 米饭用叉子弄蓬松，和咖喱一起摆入碗中。

黑豆糙米素汉堡

把你不喜欢吃的黑豆和糙米做成肉饼吧！黑豆也是豆类家族中的好学生，这样一个豆类和全谷物做成的素汉堡可以为你提供 25～30g 蛋白质。真的比猪排汉堡更健康哦。

（4 人份）

食材

黑豆 1 罐（400g），煮好的糙米 1/2 杯，橄榄油 2 大匙，红花籽油 3 大匙，黄洋葱半个，大蒜 2 瓣，香菜叶 1 大匙，面粉 2 大匙，小茴香粉 1/4 小匙，粗盐 1/2 小匙，现磨黑胡椒 1/4 小匙，4 个全麦汉堡胚

做法

1. 黑豆洗净沥干水分，黄洋葱切小丁，大蒜去皮剁碎，香菜叶切碎。
2. 将橄榄油倒入锅内，中小火加热，加入洋葱、大蒜、小茴香，煎到变软并释放香味。
3. 后加入盐、黑豆和糙米，搅拌均匀，煮 2 分钟。
4. 加入香菜，用土豆泥工具捣烂，使其产生黏性能够混合即可。
5. 冷却素肉饼馅料到可以拿的程度，捏成 4 个肉饼，放入冰箱冷冻 2～4 小时，使其定型。
6. 两面撒上淀粉，在平底锅内加入红花籽油，将肉饼煎至两面深褐色，大约需要 1 分钟。
7. 加在汉堡胚中，加入喜欢的蔬菜，即可上桌。

TIPS: 没有吃完的肉饼可以冷冻保存。

夏季的毛豆抹酱

毛豆是豆类中更接近蔬菜的品种。所以它的蛋白质比粮豆类更加容易吸收。1 杯毛豆大约含有 20g 蛋白质，可以在夏季的时候制作一份搭配蔬菜条或玉米脆饼。毫无负担，而且富含碱性食材。

（2 人份）

食材

去壳生毛豆 2 杯（320g），嫩菠菜 2 杯，橄榄油 3 大匙，现榨柠檬汁 1/4 杯，白芝麻酱 3 大匙，切碎的白洋葱 1.5 大匙（不要紫洋葱），大蒜末 2 瓣，孜然粉 1/4 小匙，碎辣椒片 1/4 小匙（可选），天然盐 1 小匙，白芝麻粒 2 大匙，切碎的欧芹 1/4 杯（可省略）

做法

1. 将所有材料（除了白芝麻粒和欧芹）全部放入料理机，高速打 2 分钟左右直至柔滑，同时品尝调整，可以根据自己口味增加柠檬汁、大蒜或辣椒。
2. 食用前淋上芝麻粒和欧芹。

TIPS: 如果用食物调理机来打这个酱可以得到颗粒质感，要根据个人喜好哦。

植物蛋白质

编辑 / 张小马 文 /Angie P. 小帕 插画 /Karlos Artagnan

好身材不等于好身体

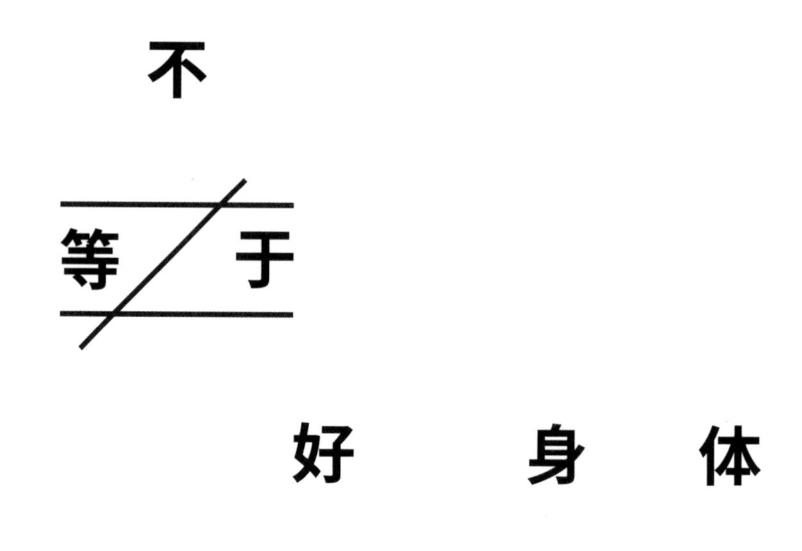

4 种健康体适能自测的小方法

到底什么才是好身材？有人喜欢满身肌肉，也有人喜欢娇小纤瘦，对于完美身材的定义每个人都有自己不同的标准。曾经在英国进行的一项有趣研究中显示，在不同国家，对于完美身材的定义大有不同。

从图片中我们可以看到，中国人对女性完美身材的标准普遍偏瘦，但根据衡量人体胖瘦程度和是否健康的身体质量指数（BMI）来看，图片中这位中国女性的身体质量指数很可能接近或低于 17.5。而英国国家卫生局（National Health Service）曾表明，厌食症患者的身体质量指数一般低于 17.5。这或许说明了人们普遍认为的好身材并不等于好身体。

美国运动医学会（ACSM）认为健康的好身体与健康体适能密切相关，其中包括心肺耐力、肌力及肌耐力、柔韧性和身体组合成分四个部分，每一部分都根据年龄和性别有一个标准指数。了解自己的健康体适能后，才可以更有效、更安全地定下实际目标和适合自己的健身或运动方案。下面我们就来学习这四个部分的简单测试方法吧。

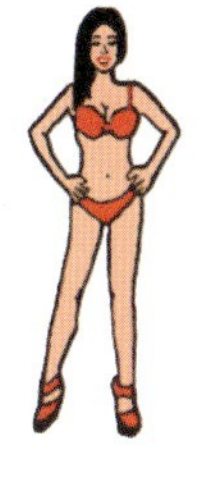

中国　哥伦比亚　西班牙　美国　意大利　墨西哥

1. 心肺耐力

人的静态心率（RHR）是衡量心脏健康与否的标准之一。对于大多数成年人来说，健康的静态心率是每分钟 60 ～ 100 次。除了使用专业仪器测量外，我们也可以用简便的颈动脉测量法和桡动脉测量法自测。

首先，将食指和中指按压在颈部动脉处，或按压在拇指下方手腕处的桡动脉上；其次，在 10 秒钟内，将你的脉搏跳动次数乘以 6，就是你的静态心率。假设在 10 秒内脉搏跳动了 15 次，15 乘以 6，共计 90 次。另外，建议在充足睡眠后测量，这样的数值会比较准确。

心肺耐力的另外一个指标是目标心率。目标心率是指在锻炼时理想的心跳频率 (即每分钟心跳次数)。虽然在锻炼时未必能将心率精确地控制在目标心率理想值，但最好将它控制在目标心率范围之内。在这个范围内，心脏可以得到有益的锻炼但不会过度劳累。一般来说，最大心率（MRH）最简单的推算方式是用 220 减去你的年龄，比如，一个 30 岁的人，他的最大心率是 220 减去 30，即 190。在锻炼的时候，达到一个人最大心率的 50% ～ 75% 就足以让心脏和肺部得到良好的锻炼。

除此以外，2.4 公里跑步测试也是一个测评心肺耐力的方法，不同年龄在不同的规定时间内完成跑步即心肺耐力合格。通常，花费时间较少的人代表拥有良好的心肺耐力，反之则说明身体需要改善。

跑步完成 2.4 公里所需时间对照表

年龄	女性	男性
25岁	13分钟	11分钟
35岁	13.5分钟	11.5分钟
45岁	14分钟	12分钟
55岁	16分钟	13分钟
65岁	17.5分钟	14分钟

Source: Mayo Clinic

2. 肌力及肌耐力

肌力是指肌肉所能产生的最大力量，而肌耐力是指肌肉活动的能力或肌肉对抗疲劳的能力，如果肌肉运动时间长且不感到累，就说明肌耐力良好。

肌力及肌耐力的测试方式有很多种，俯卧撑和卷腹是其中两种比较常见和简单的。一般来说，俯卧撑可以测试上半身肌耐力，卷腹可以测试下半身肌耐力。做动作时，中间没有停顿，直到你需要停下来休息。女性一般以膝盖上的俯卧撑为测试。如果你的俯卧撑和卷腹次数低于目标数量，则目标数量可以作为锻炼的目标。

目标数量如下表所示：

俯卧撑平均次数对照表

岁/	20～29		30～39		40～49		50～59		60～69	
次/	男	女	男	女	男	女	男	女	男	女
很好	**36**	**30**	**30**	**27**	**25**	**24**	**21**	**21**	**18**	**17**
好	**29~35**	**21~29**	**22~29**	**20~26**	**17~24**	**15~23**	**13~20**	**11~20**	**11~17**	**12~16**
正常	**22~28**	**15~20**	**17~21**	**13~19**	**13~16**	**11~14**	**10~12**	**7~10**	**8~10**	**5~11**
一般	**17~21**	**10~14**	**12~16**	**8~12**	**10~12**	**5~10**	**7~9**	**2~6**	**5~7**	**2~4**
差	**16**	**9**	**11**	**7**	**9**	**4**	**6**	**1**	**4**	**1**

Source: American College of Sports Medicine

卷腹平均次数对照表

岁/	20～29		30～39		40～49		50～59		60～69	
次/	男	女	男	女	男	女	男	女	男	女
很好	**75**	**70**	**75**	**55**	**75**	**55**	**74**	**48**	**53**	**50**
好	**41~56**	**37~45**	**46~69**	**34~43**	**67~75**	**33~42**	**45~60**	**23~30**	**26~33**	**24~30**
正常	**27~31**	**27~32**	**31~36**	**21~28**	**39~51**	**25~28**	**27~35**	**9~16**	**16~19**	**13~19**
一般	**20~24**	**17~21**	**19~26**	**15~12**	**26~31**	**14~20**	**19~23**	**0~2**	**6~9**	**3~9**
差	**4~13**	**5~12**	**0~13**	**0**	**13~21**	**0~5**	**0~13**	**0**	**0**	**0**

Source: American College of Sports Medicine

3. 柔韧性

柔韧性是指在身体无疼痛的情况下，关节所能活动的最大范围。它对于保持人体运动能力，防止运动损伤有重要意义。坐式前弯测试是其中一个测量腿部、髋部和下背部柔韧性的简单方式，方法如下：

1）在地板上，用尺子在 38CM 处标记出来。
2）脱鞋后坐在地上，两腿合拢，膝关节伸直，脚底放平于 38CM 的标记处。
3）双手交叠，手指上下平衡；呼气，慢慢向前弯，持续至少 1 秒钟。
4）重复测试两次，记录最好的那次拉伸距离。拉伸距离根据年龄和性别而定。如果你的距离低于目标拉伸距离，则目标拉伸距离可以作为练习指标。

坐式前弯测试拉伸最远距离对照表

年龄	女性	男性
25岁	55CM	50CM
35岁	52CM	47CM
45岁	51CM	44CM
55岁	48CM	42CM
65岁	44CM	39CM

Source: Mayo Clinic

4. 身体组合成分

身体组合成分是指人体内各种组成部分的百分比，例如脂肪、骨骼、肌肉以及各种器官等的重量，把身体组合成分保持在一个正常百分比范围是非常重要的，因为它影响着很多慢性疾病的发生。

目前，测量身体组合成分比较专业并准确的方法是浮力量重法（HW）和生物电阻分析法（BIA），但价格也很昂贵。所以用体脂称测量身体质量指数（BMI）成为了普遍的方法。通过测量身体质量指数，我们可以了解自己身体的水分比、基础代谢率、内脏脂肪指数、脂肪比例、肌肉重量和分布等数据。

但提到脂肪比例，不得不说，完美身材不等于零脂肪。脂肪可以帮助人体储存热量、保护器官、吸收脂溶性维生素等，所以一定的脂肪是必须的。过多的脂肪不健康，过少的脂肪也会影响身体的运作。

身体脂肪百分比对照表 （% 脂肪）

	女性	男性
必须脂肪	10 ~ 13%	2 ~ 5%
运动员	14 ~ 20%	6 ~ 13 %
健康	21 ~ 24%	14 ~ 17%
正常	25 ~ 31%	18 ~ 24%
肥胖	32 ~ 32%以上	25 ~ 25%以上

Source: American Council on Exercise

如此看来，这世界上或许没有完美好身材这么一说。重要的是要保持健康的身体，美丽或成功不只是看外表哦。

作者简介：
Angie P. 小帕，新加坡籍香港人，Positiv Wellness 首席导师，国际品牌特邀健身和跑步教练，《营男素女》一书作者，《Beyond 24》和《新起点》的导演和编剧，素食专栏作家。曾在无手术、无化疗的情况下，利用纯素饮食成功逆转癌症。痊愈后放弃心理学博士课程，致力在中国香港地区和内地巡讲和授课，推广健康纯素文化。
Facebook: Angie P. 小帕
Instagram: @veganangiep
Weibo: angiep 小帕
Website: www.veganangiep.com

有谁愿意做一坨肥肉啊？

关于瘦的那些事儿

编辑 / 张小马 文 /Robin

身边有不少朋友随着年龄的增长，腰围逐渐增粗。他们都一心想恢复 20 岁时的身材，但各种减肥方法试尽之后却不见什么效果，真是令人着急。我们要知道，变胖并不是短期发生的，而想要减肥，也不是一蹴而就的。那么，我们要如何训练，我们要通过什么样的方法才能避免成为一坨人见人嫌的肥肉呢？下面就让我们一起来简单讨论几个问题吧，只有了解了这些，我们才能顺利和有效地减肥哦。

NO.1 我们为什么会胖？

年龄因素

随着年龄的增长，人体的正常新陈代谢会因为荷尔蒙分泌的减缓而降低速度，维系身体基本运转的热量需求也会相应减少。但是由于人们习惯性的饮食方式没有依照年龄和新陈代谢的改变而作调整，通过食物摄取的热量也没有被及时消耗掉，这些热量就会作为“备用燃料”储存起来，堆积在我们表皮下面。

饮食因素

现代快餐文化的盛行，造成了我们很多时候会因为“省时＋省事”而忽略了健康饮食的要点和搭配。过量肉食和精加工食品是高脂高糖饮食的基础，也是我们摄取过量卡路里从而造成脂肪不断堆积的主要推手。

运动因素

缺乏正确、有效的运动指引和健身方法，让卡路里消耗无法超过摄取量，同时无法加速身体的新陈代谢，因此运动减脂无效果。很多人每天跑步、做平板支撑、卷腹等运动就以为可以达到减脂的目的，这是不科学和不现实的。因为中低强度下的有氧运动虽然对心肺有好处，但是局部循环运动也只是帮助增加局部的肌肉力量，而不能全面改善体脂肪的比例。

NO.2 我们怎样才能瘦？

首先，我们需要避免危害健康和拖慢新陈代谢的饮食及生活习惯。

✕拒绝高脂、高糖、高胆固醇的饮食。

✕拒绝经常食用精加工（白米、白面、白砂糖）及富含复合调味料、过度烹制的食品。

✕拒绝习惯性吸烟、饮酒、熬夜、饮食失调的生活方式。

✕拒绝以刺激性食物、补品替代食物营养来源（全食物）的饮食习惯。

其次，我们需要依靠低脂肪高纤维的饮食方式。全食物、纯蔬食的饮食结构，可以保障人体不会摄入过多的油脂和外来荷尔蒙（动物成分）。只有在这种情况下，我们体内的各种免疫、排毒、生长激素和腺素才能有足够的能力来应付身体外在对肌肉生长、形体改变的要求。

每天健康的饮食搭配应该主要由水果、蔬菜、豆类和谷类组成。这种饮食搭配对体重管理有极大的帮助，在这种纯植物全食物的饮食基础上开展有效的减脂运动，成效很明显。

再次，我们需要内外兼顾的整体运动训练方式。也就是我们采取力量训练结合有氧训练。这样才能增加肌肉质量和数量，原理是肌肉比起脂肪可以燃烧更多的热量，因此，通过增肌而达到减脂是最有效的方式。

NO.3 我们应该怎么练？

想要正确有效的减脂训练，我们要先知道什么是错误低效的减脂训练。

✕ 只进行长时间低消耗的有氧运动（慢跑、慢走）。

✕ 只采用单一或局部的运动方式（一次训练一个身体区域）。

✕ 只采用传统器械健身。

✕ 重复采用相同的训练方式。

我们还要知道训练最重要的部分应该是什么。

减脂和增肌是不可分割的，是此消彼长的两个元素。很多人发现无法驾驭两者的原因，是没有照顾好身体内在的两个至关重要的决定减脂、增肌和调整新陈代谢的激素——生长激素和睾酮素。

人体从 30 岁左右开始，随着年龄增长，新陈代谢的速度和体内生长激素和睾酮素（女性也有，但相对男性比例少很多）的自然分泌会大幅降低。根据统计，高达 40% 的肥胖男性都有睾酮素过低的现象，而且过多的脂肪细胞会促进体能雌性激素的分泌，这样肌肉更会减少，同时造成新陈代谢的减慢，形成恶性循环。因此加速新陈代谢和促进睾酮素的有效分泌才是训练至关重要的部分。

我们应该了解和学会 HIIT 和 TABATA 训练方式。

HIIT 英文全称为 High Intensity Interval Training，即“高强度间歇性训练法”。这种训练方式就是将有氧运动（专注提升心肺耐力的运动）和无氧运动（专注提升肌耐力、爆发力的运动）完美结合的综合训练方式。而其强弱和类别需依据训练者的体能和目标而调整制定。

TABATA 英文全称为 Tabata Training，即“塔巴塔间歇性训练法”。它是 1996 年日本科学家田畑泉博士为了提升竞速滑冰代表队的实力而研发出的运动方式。它的原理是在短时间内使用大量肌肉并需要最大摄氧量的运动方式有效减少体脂肪。从 2000 年开始，美国便有许多教练加以应用，并早已盛行于欧美各地，现在则有扩散至全世界的趋势。

塔巴塔间歇性训练法之所以能在短时间内发挥出高成效，其中一项因素是，“就算停止运动，身体仍会以为还在持续运动，所以会不断燃烧卡路里”。但是，为了善用这种效果，必须在训练中全力以赴，让自己到达体能极限。

这两种训练方式都算是进阶版的减脂和提升体能的训练模式，需要练习者有一定的运动基础才可以得心应手。

HIIT（高强度间歇性训练法）

由来	美国职业联盟运动员训练方法之一
训练间隙（秒）	练习 45、30／15、10 休息
训练循环（次）	4～6 次 共 30～45 分钟
训练强度	中～高
训练重点	有氧＋无氧，中高难度相结合
注意事项	简繁配搭、循序渐进，可以每天练习

TABATA（塔巴塔间歇性训练法）

由来	由东京体育大学田畑泉博士实践发明
训练间隙（秒）	练习 20／10 休息
训练循环（次）	8 次 共 4 分钟
训练强度	非常高
训练重点	无氧运动
注意事项	重量＋肌力爆发力训练，需要一定体能基础

那么，HIIT 和 TABATA 训练方式有什么显著好处呢？

短时间内极速增加身体负荷量

从而促进体内生长激素和睾酮素的有效分泌，促进肌肉增长。

提高运动后的热量消耗 (After-Burn-Effect)

持续消耗更多脂肪来修复高强度运动后的肌肉细胞，而肌肉细胞也会不断增长来应付即将到来的下一轮体能挑战（头脑自我设定的程式，促使身体肌肉强化以保护运动对骨骼、内脏和心脑的冲击）。

便

节省更多时间

是普通训练时间的 1/2 甚至更少，但效果却更好。

降低静态及休息时的心率

高强度运动有效促进心肌的增长，提高压缩血液的能力，以及每次心跳的输出量，进而降低静态心率。

提升运动表现

提供心肺耐力（有氧）及改善速度和爆发力（无氧）的综合能力。这样有氧、无氧兼顾的运动方式比其他运动方式更能激发“能量细胞”(Mitochondria) 的生长。

改善慢性疾病

针对糖尿病和心血管疾病的效果比传统低强度有氧运动更好。

NO.4 我们都能练的简单方案

对于零训练基础的人，我们要怎样开始呢？不妨试试下面这套简单的 HIIT 训练方案吧。

1 平板手肘俯卧撑	45 秒 ＋ 15 秒休息
2 后跨步蹲踢腿	45 秒 ＋ 15 秒休息
3 俯立划船（哑铃）	45 秒 ＋ 15 秒休息
4 平板凳三头屈伸	45 秒 ＋ 15 秒休息
5 俯身快步登山	45 秒 ＋ 15 秒休息
6 波比跳	45 秒 ＋ 15 秒休息

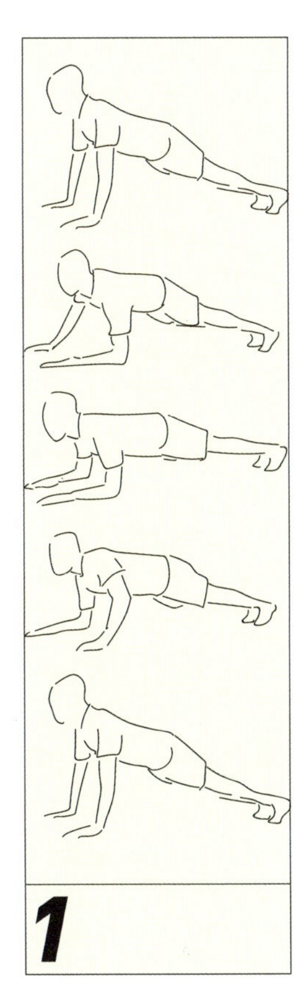

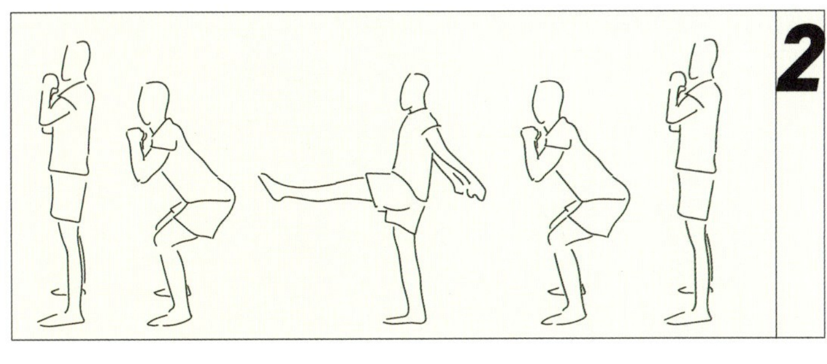

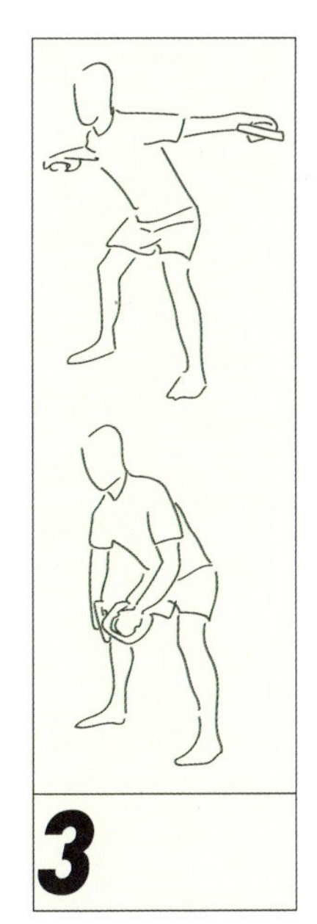

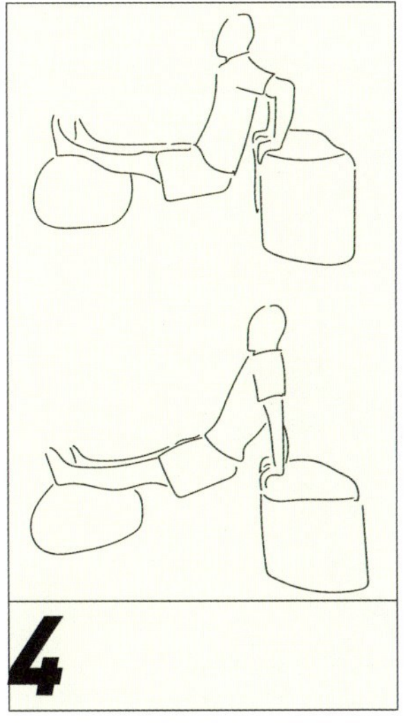

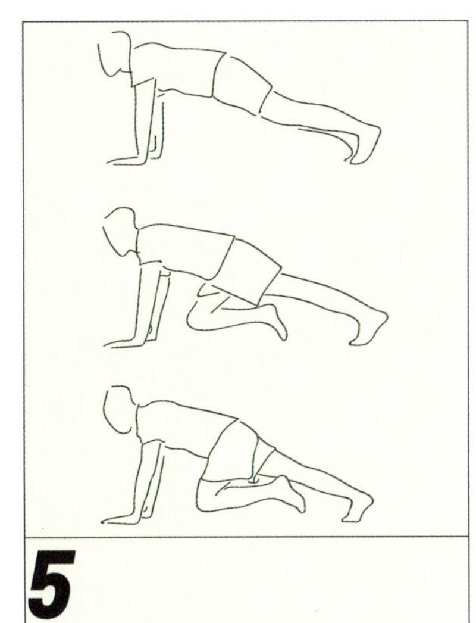

TIPS:

1. 每个动作做45秒，休息 15 秒进行下一个动作。
2. 每组六个动作，循环做 4 组，配合运动前后的热身和拉伸，保持 30 分钟左右。每组间隔 2 分钟休息时间。
3. 动作类型可以依照自身喜好，但需保持一定难度和挑战性，并每天坚持。

作者简介：

Robin 是一位拥有 10 几年多国生活、学习、工作经验的素食者。茹素已 20 载的他非常爱好运动，擅长各种有利于身心灵发展的活动。2003 年他曾参与“Les Mills（莱美）的体能训练计划”，从此与团体健身结下不解之缘。Robin 在取得了亚洲体适能学院高级体能教练资格后，和一群纯素体能教练、瑜伽导师一拍即合，成立了中国第一家纯素健身品牌“Revol Yoga & Fitness”，对外教授各种运动、瑜伽、健身技巧的同时，还积极参与各种公益和商业活动，推广纯素生活理念。

B/G
VEGS
人物专访

Philip Wollen

Dr.Will Tuttle

Jason Baker

Damien Mander

吃肉的时代已经过去了！

专访世界著名慈善家菲利普·沃伦

编辑 / 张小马 文 & 采访 /Annie Li 图 /Philip Wollen 提供

“李尔王深夜在悬崖边问盲人格洛斯特伯爵：‘你如何看待这个世界？’盲人格洛斯特回答说：‘我满怀感情地看待它！’我们不也应该如此吗？”2012 年 3 月 20 日，澳大利亚墨尔本市政厅上演了一场充满智慧且震撼人心的辩论——“动物是否应该从菜单上撤下来”(Animals Should Be Off The Menu)。在这里，我们认识了一位留着白胡子的老先生——菲利普·沃伦（Philip Wollen）。

他是高调的动物权益捍卫者，却在墨尔本过着非常低调的生活。在不惑之年，他毅然放弃花旗银行副总裁和集团总经理的高位，转身成为了一名散尽千金的慈善家。

初识菲利普先生是在 2015 年的 3 月，从未和他谋面的我受朋友相托，联系他与美国万佛圣城的恒实法师（Heng Sure）见面。邀约信发给菲利普以后我着实惴惴不安了几日，不知他能否在百忙之中看到我的邮件，也不知他能否会与素未谋面的我们相见。

没想到他很快就回信并接受了邀约，还请我们到家里一叙。当时正值墨尔本的初秋时节，天高云淡、满目金黄，正是朋友相聚的好时节。登门拜访时迎接我们的不仅有和蔼可亲的菲利普先生和他的太太，还有四只活泼的小狗，这几只小狗一直黏着我们撒欢亲昵，后来才知道他们曾是被遗弃的流浪狗。“这四只狗是我们在墨尔本的孩子，请原谅他们的顽皮，因为他们有太多的爱要与客人分享了！”菲利普先生说起这些的时候眼里溢满了慈爱。

菲利普先生的家陈设简单而朴素，这与我的想象大相径庭。他告诉我们，自从离开花旗银行副总裁的职位，他余生的愿望就是将资金全部投入到慈善事业中，不再为了私人的利益和享受而生活，他希望在离世时能千金散尽、手留余香。所以他成立了“温斯康斯特慈爱基金会”（Winsome Constance Kindness Trust），目前在 20 多个国家支持了 400 多个项目，包括儿童、动物、终末期疾病、环境和有志青年五个类别，它的目标是在 2020 年覆盖到 100 个国家。

菲利普先生和太太没有儿女，他们所有的时间和精力，以及绝大多数的资金都投给了别人。菲利普先生曾在墨尔本有一栋三层的办公楼，一层商铺用于正常出租，自给自足；二层和三层便免费租给了 21 个非营利组织，并为他们提供了设备先进的办公室。他非常乐意帮助小型的非营利组织发展壮大，他说：“一个人的力量是有限的，帮助别的组织发展也是一种参与！”为了节省办公楼的开支，他和太太还亲自打扫那里的厨房和卫生间，以至于很多在那儿办公很久的年轻人都还不知道，他们其实就是这栋办公楼的主人。

“我们经常在清晨被办公室的警报吵醒，不知道又是哪个加班到深夜的年轻人临走时忘了设置警报器。”菲利普太太无奈地摇头笑着说。每逢警报器响起，他们都要亲自驱车半小时以上到办公室检查，为的是节省上百澳元的警报巡查费。“省下来的钱可以捐出去。不过别担心，我们现在还没破产！”他和太太会心地相视一笑，默契地握紧了彼此的手。

菲利普先生还非常高调地在这栋办公楼的屋顶上赫然印上大大的“GO VEGAN”（纯素主义万岁）和“KINDNESS HOUSE”（慈爱之家），这两个标语大到甚至可以从卫星截图上看到。菲利普先生希望，不管将来谁是这栋办公楼的主人，这两个标语都要和房子一起驻世。

2014 年，菲利普先生以一千五百万澳元的价格将此办公楼出售，但条件是新的主人在十年之内要继续提供价格低廉或免费的租金以供那些非盈利组织工作。而出售办公楼的钱也全部用来支持他的“温斯康斯特慈爱基金会”。

“慈善不仅仅是给予金钱，如果处理不当，反而会滋长懒惰。”菲利普先生告诉我们，有一些项目是在印度的村子里开展，很多失业的人希望直接拿到救济金，然后继续不求自立地生活。于是，菲利普先生就用激励的方式提供经济救援。比如，人们可以选择给素食餐车当义工，或者到动物救援站工作，保护流浪狗，用自己的劳动换取生活费，而不仅仅只是伸手拿钱。另外一个普遍现象是，印度的穷人家会早早地把女儿嫁出去以换取微薄的经济来源，为了帮助他们，也为了让这些穷人的女儿受到教育，菲利普夫妇给予他们经济金的前提就是这些女孩要继续接受教育直到成年，如果能考上大学还能领取奖学金。

除了资助人类，菲利普先生更是把自己的生命献给了动物救援。我曾经问他：“这么多年以来，在动物救援的经历中有什么事令你印象最为深刻？”稍微沉思后，他缓缓地说：“是一次救援黑熊的经历，当时黑熊被困在牢笼中被活取胆汁数日，我们把黑熊放出来以后，几乎奄奄一息的黑熊竟然上前给了我一个熊抱，但是他的脚也重重地踩在了我的脚趾上。

我好像脚趾骨折了。”说完他笑了，然后眼里折射出了泪花，哽咽着继续说到：“难以相信被人类残忍折磨多日的动物，却能在获救时刻给予人类拥抱，如果角色互换，恐怕人类自己都很难做到吧。”

因为推广纯素食和维护动物权益，菲利普先生坦言自己得罪了一些权势，他们要挟甚至恐吓菲利普夫妇。有一次在医院探访朋友，菲利普太太突然被人从后面推倒在地，她的脸部大面积淤血，腿也受伤了。“我会经常想到被困在牢笼里备受折磨的黑熊，如果把我们当作报复的标靶而能够放过那些无辜的动物，我乐意接受这一切。”菲利普先生说到这儿的时候紧紧握着太太的手。

每当我想起菲利普先生，都会记得他用布满忧伤的双眼望着我说：“只要知道这个世界上还有哪怕一只动物被虐待甚至杀害，我的心灵片刻都不会得到安宁。因为任何一只狗、一头猪和一个小男孩对于痛苦的感受是没有分别的。”

如果这世上有一个人能够改变自己，那么所有的人都可以。不要因为你能做的太少而什么都不做。我们从现在开始改变自己，点燃一束光，无论火苗有多微弱，外面的黑暗也不能扑灭这燎原的星星之火。

你认为生命中最重要的是什么？

我认为是“不伤害”（Ahimsa）——对所有众生都无暴力。它是我认为在任何国家、时代、语言和人类历史上有记载的文字中最美丽的一个词。我们要做到“不伤害的”（Ahimsan），这是我发明的一个词，意思是在食物、语言和行为上都拒绝暴力。

你是如何理解“不伤害”的呢？

“不伤害”（Ahimsa）是我们做人的品质。它不仅能够维护动物的权益，还代表着人类的义务。维护动物权益是自废除奴隶制度以来最大的社会正义问题。这场革新运动比我们之前的任何改革和创新都有力量，超越了工业革命、宗教改革、哈勃天文望远镜以及伽里略、哥白尼、爱因斯坦、达尔文和弗洛伊德的任何理论与发现。因为它维护了最重要的一样东西——生命。

你最想对这个世界说什么呢？

维克多·雨果（Victor Hugo）曾说过，“恰逢其时的思想是最有力的”（Nothing Is More Powerful Than An Idea Whose Time Has Come）。而我要说，过时的想法是最有破坏力的，比如吃肉这个想法，它的时代已经过去了！这个世界最需要两样东西：领袖和真相。我想对大家说真相，尽管真相往往很残酷。我们正经历着宇宙史上第六次大规模灭绝。现在，我们 70 亿的人类每周要屠宰 20 亿的陆地动物，每 3 个小时刺杀和猎捕 10 亿海洋生物。数以万亿计的鱼类被绞磨制成肉丸喂食给家畜，天性食草的牛反而成了当今世界最大的海洋动物消费者。如果人类遭受同样的命运，只需要一周的时间，地球上的全部人类都将灭绝。如果我们持续如此，海洋将在我们的时代中消失。到 2048 年，所有的鱼类将会绝种，而他们是地球的“肺叶”和“动脉”。事实上，海洋所隔离的二氧化碳比地球上所有的森林加起来还多。如果这场灭绝不是人类而是其他物种所造成的，生物学家将会对其定义为病毒。这种反人性的行为已经到了令人匪夷所思的程度。

你成为纯素者以后，是否遭受过攻击或者质疑呢？你又是如何应对的呢？

大部分的人会记得他们的初爱。相反，我记得的是初恨。但我不是恨某一个人，而是憎恨虐待动物这种行为，那份初恨如今已成倍增长，所以是道德的原因让我成为了一名纯素主义者，但我的观点却经常受到挑战和质疑。我的应对方式是提前做好功课，以便随时能够拿出事实和论据与质疑的人辩论。

那结果会怎么样呢？

通常会有三种结果，有些人选择回避争论；有些人会提出一些有趣的问题；有些人则能够接受我的观点然后也成为纯素主义者，而最后这类人的数量正在增长。

一些人认为，纯素者特别是男性纯素者，很弱，你是如何看待这个问题的呢？

这种说法绝对是肉类和奶制品行业的一种商业谎言。我们所知道的著名严格素食运动员不胜枚举，比如十项奥运金牌获得者卡尔·刘易斯（Carl Lewis），网球运动员维纳斯（Venus）和塞雷娜·威廉姆斯（Serena Williams），超级马拉松运动员斯科特·考雷克（Scott Jurek），自由跑酷者蒂莫西·谢夫（Timothy Shieff），混合武术冠军杰克·希尔兹（Jake Shields）以及我的德国大力士朋友派崔克·巴布米安（Patrik Baboubia）。欢迎参考这些“虚弱”纯素食者的照片。

相反，吃肉才是不健康的。它不仅给我们的健康医疗体系造成了数万亿元的负担，还会引发癌症、心脏病、糖尿病、骨质疏松症等致命疾病。更不要提肉食给亿万无辜生灵带来的残忍涂炭。从逻辑上来说，每一项肉类食品都应该征收比烟草更高的税。事实上他们声称素食者虚弱恰好体现了他们的谎言与无知。也许那些提出如此蛮横断言的人应该看看科林·坎贝尔教授（T. Colin Campbell）的《救命饮食》（The China Study）这本书。

如果有一天全人类都变成了纯素者，那也就意味着动物不再受伤害，我们也不需要再到处宣传了，那时你会做些什么呢？

真有那么一天的话我一定会比现在更忙。我会忙着建造可持续发展的社区，创建经济企业——把时间和资金投入到和平项目中，比如教育、文化、艺术、语言以及能造福全人类的事业中。

那你觉得那一天的世界会是什么样子的呢？

那时的农民将会无比富足，也许有一天他们连自己有多少钱都懒得去计算，到时我一定是第一批为他们鼓掌的人。而且我们的医疗保险成本会直线下降，医院里冗长的候诊名单也将消失，因为我们都将会健康长寿。

Philip Wollen

世界和平始于餐桌

专访全球畅销著作《世界和平饮食》作者威尔·塔特尔博士

编辑&采访/张小马 文/Vegan Kitty Cat 图/Dr.Will Tuttle 提供

威尔·塔特尔博士（Dr. Will Tuttle），全球畅销著作《世界和平饮食》（The World Peace Diet）的作者，1953 年出生于人口不到两万的美国马萨诸塞州康科特镇。因从小在大自然中长大，培养了他对动物的爱，不仅如此，他也受到父母在艺术、写作方面的熏陶。他的人生经历丰富，曾在全美最大的嬉皮社区生活，到韩国剃度出家，自 1995 年起他与妻子梅德琳（Madeleine Tuttle）开始了旅居生活，住在太阳能发电的拖车里，巡回北美地区及全球，用演讲及音乐会等方式撼动人心、启发人性。

灵魂的乐章

当讲台上灯光暗下，钢琴声响起，耳边传来的，是用灵魂谱出的乐章，是用爱表达的语言，是理性所无法形容的感动。一个星期以来，每到这一刻，我的眼泪就不由自主地往下掉。一个人，是怎么能够在目睹了人性的黑暗和无明后，还能有如此多的爱呢？

演奏了大约二十分钟，观众席掌声四起，威尔·塔特尔博士回到讲台中央，再度拿起麦克风继续他的演讲。这时，身为口译员的我也得迅速拭干眼泪，收起情绪，继续翻译。

生命中，你可曾遇过某些人，他不需要说什么，光是他的存在，就已经能让人感到温暖、受到启发，不禁想让自己变得和他一样？

威尔·塔特尔博士就是这样的一个人。

2016 年 11 月底，我有幸担任塔特尔博士“世界和平饮食亚洲巡回”中国台湾地区站的口译员，在公开讲座、对内工作坊上和日常生活中担任翻译一周。我心中对他感到无限好奇，究竟是什么样的人生经历，成就了这个男人？

踏上灵性追寻之旅

1975年秋天，大学刚毕业的年轻的威尔和弟弟决定一起从美国东岸步行到西岸，开展一趟灵性心旅。他们每天步行30多公里，几个月后到达了田纳西州一个嬉皮社区“The Farm”。当时，这里是全美国最大的嬉皮社区，有九百多名居民。

那里有年轻人、有小孩、有老人，但大家都有一个共通点——所有的人都是纯素食者。威尔从他们身上看见，原来人不用吃肉、蛋、奶，也能够活得非常健康；并且得知他们吃素的真正理由，是因为不忍动物因为人类的选择而受苦死去。

其实动物会受苦这一点，年轻的威尔不是不知道。小时候在好几个暑假他都会被送到夏令营，学习所谓的“生存技巧”。夏令营的一部分活动，就是要让孩子亲眼目睹、参与养殖并屠宰牛只。

牛都是被卡车运去屠宰的。有一次，一头牛妈妈脖子上套了铁链，要被拖上卡车去。但是她彷佛脚底生了根似的，怎么也不从命，好几个人也拉不动。这时，因为双方用力过猛，“砰”的一声，铁链断了。威尔在一旁观看，瞠目结舌。当时他心想：“天哪，这头牛是真的很不想死！”这个画面在他心头盘绕许久，也让他更深层去思考多数人都不愿面对的问题：我们难道真的需要为了自身利益，而造成动物的痛苦吗？

幸运的是，田纳西嬉皮社区的居民让他看到，以众生的苦为苦，和兼顾自身健康，是完全没有冲突的。就在那一年，他成为了素食者。并在不久后居住于不同的修道院，最后到韩国短暂剃度出家为禅僧。

从韩国返美之后的威尔继续攻读深造，最终获得了博士学位，并开始在大学教授哲学、宗教、直觉发展等课程，不断走在灵性开悟的路上。在这一过程中，他没有忽略对音乐的热爱，开始录制钢琴演奏专辑，并在北美地区和欧洲巡回演奏。正因如此，他于1990年遇到了他的灵魂伴侣，来自瑞士的灵性艺术家梅德琳（Madeleine）。

用我的光，照亮世界

梅德琳不仅是一名艺术家、大厨、音乐家、塔特尔博士的灵魂伴侣，也是《世界和平饮食》的幕后功臣。塔特尔博士先前常对梅德琳说："要是有人能够写一本关于素食和灵性发展的书，那就太好了！等这本书出版了，我一定要马上买来读。"说了几年，也没见有人写。有一天，梅德琳认真地对他说："威尔，我想你要是真的想读这本书，或许得自己动笔写！"

于是，塔特尔博士花了接下来的五年，完成了著作《世界和平饮食》。这本书透彻地剖析了素食和灵性的关系。对他来说，素食不是终点，只是迈向和平和灵性觉醒的首要步骤及必经之路。要达到灵性上的开悟，过一种非暴力的生活，我们必须得从生活中各种层面培养同理心与爱，包括我们的所思、所言、所为，而这就包括了我们平时所吃的食物。

为什么环顾四周，人人都觉得养殖动物作为食物，将他们囚禁在拥挤的笼栏，再倒吊起来划破喉咙并肢解，然后包装得干干净净送到超市，我们再买回家吃下肚，是正常的行为呢？书中阐述，每个人吃动物的唯一原因，其实是因为受了我们出生的文化、家庭所影响。

我们从小被迫天天三餐吃动物、参与伤害生命，给动物和我们的心灵都造成了巨大的伤害。因此从小我们就学习去压抑自己的情绪，不要去感受太深，否则或许会因为了解到残酷的现实而崩溃，无法在这样的体系中继续待下去。吃动物，让我们把一切简化，把活生生的生命视为冷冰冰的物品。除此之外，我们还养成了排他的心态，为了自身利益无视于他人痛苦，并天真地以为强权即是公理。

只要我们继续剥削、奴役动物，将他们当作食物或用于其他用途，我们就会持续剥削人类同胞，并且在人类世界造成冲突、战争、疾病和各种压迫。

素食，不是终点

塔特尔博士希望人们从文化的牢笼中脱茧而出，勇敢面对我们的心，看见我们的选择造成了什么样的后果。因为看清事实而转变为纯素者，是我们能够给予这个世界最棒的礼物。我们不仅自身拥有这个礼物，还要大方和别人分享，在别人心中播下爱的种子。我们可以邀请大家通过质疑，挑战已经内化了的概念和信念，来检视自己是否在日常行为中违背了自身的核心价值观。

然而，他的讯息并不止于素食。即便我们改变了，成为了素食者，但若没有觉知到并努力去疗愈自己，吃动物对我们造成的伤痕其实一直都会在，我们也可能因为目睹了太多苦难和漠视，而变得忧郁或孤立。正因如此，他认为，虽然身为素食者已经代表我们把很大一部分的暴力从生活中去除掉，但每天仍然要通过静心、自省、培养创造力、欣赏大自然的美等方式来升华自我。这一点，他也以身作则。他不仅不会因为看到了骇人的现实而绝望，还通过静心等方式得到更大的智慧，了解到他人的痛，并以完全的包容来接受这个世界上的一切。

人生中最重要的事，是要将有限的时间用来祝福并帮助他人，并看见其他生命的美。所有的个体其实都是生命的各种面向，在这个星球上共生共荣。我们有勇气像塔特尔博士一样，来面对既有文化的禁锢，并质疑肉食主义、消费主义等对自身和他人造成危害的信念吗？

已过 65 岁的塔特尔博士秉持着和平的理念，旅居全球传播爱的讯息。他的身上所散发出的，是对一切的爱与感恩，是一种超越了小我之外的动机，是一种真正和平的存在。他深深明白，一个和平的纯素世界不是不可能。然而，这需要靠我们所有人的努力。只有当人类整体的意识更成熟，愿意还给动物自由时，我们自己才能得到自由。

访

人们普遍认为"纯素者都很弱"，尤其是纯素男性，你是怎么认为的呢？

这完全就是错误的刻板印象，是西方文化的产物。这种暴力、统治的心理，是来自于男性得狠着心上战场，在身体上和经济上统治他人。今时今日，要成为纯素者，需要内心很大的力量及勇气，而这力量的来源是因为我们敞开心胸去接受更高的智慧，而不是只做我们的文化或大型企业的傀儡。

20 世纪 80 年代我在亚洲当禅僧的时候，遇到了很多很棒的武术家。这些人可都是吃素的僧人。大家都知道，不管在生理上还是心理上，少林寺和其他地方的僧人都是出了名的强壮。这样的力量能够建造出一个以和平、智慧为基础的世界，而不会摧毁它。

你所认为真正的男性应该是什么样子的？

真正的男性，会真心地、不遗余力地让自己更加觉醒。他会去质疑固有文化中为了自身利益而去虐待动物、摧毁生态系统、剥削他人并将之合理化的行为。他会去努力疗愈每个人背负的文化伤口，进而变得更善良、更尊重他人。同时，他还会透过质疑自己，充满热情去发掘自己人生的目的与真实的本质，而不会直接对来自别人的"真理"照单全收。

正如我在《世界和平饮食》一书中所提到的，我们的文化是建立在囚禁、食用动物上，而这伤害了我们所有的人——包括男人及女人。男人被教导要铁石心肠，不能自然地去感受善良、温柔这类情绪，还必须视他人（特别是女人及动物）为工具。正因如此，从还是小男孩开始，我们就被用千百种方式虐待，包括被迫吃肉蛋奶制品、被批评、被污辱，也被要求要麻痹自己的敏感度。

当我们看到一个外表严厉、令人生畏的男人，我们看到的其实不是一个强壮的男人，而是一副坚硬的外壳。外壳之内，是一个受伤的、恐惧的小男孩。这个小男孩其实渴望被爱。真正的男人，是能够将这层外壳软化并脱去的；真正的男人，会以全然的理解拥抱自己的过去，以慈悲和开放的心与人相处；真正的男人，会疗愈自己的伤口，而同时也疗愈他人。

Dr.Will Tuttle

你觉得纯素男性最大的优点是什么？

无论就哪个层面来说，都有太多好处了！我已经纯素快40年了，见过非常多的纯素者与非素食者。我认为纯素者不但更健康、更有活力，也更可能拥有较良好的人际关系——这是因为我们内心比较自由，能够诚实面对自己，也不食用恐惧、苦难、绝望和愤怒下的产物。

纯素者通常比较快乐、和平，因为我们是发自内心有意识地去降低自己对生态环境、工厂化养殖厂的动物、野生动物、全球饥饿人口和后代所造成的冲击。

你认为素食男性意味着禁欲或无趣吗？为什么？

这是个好问题。当然啦，一切都要看个人观点。一个从前的赌徒和酒鬼在戒赌、戒酒之后，他原本朋友圈里的那些赌徒、酒鬼一定会觉得他变得很无趣！但他自己呢，则会因为戒赌、戒酒而过着更有活力、更觉醒的生活，更别提他多出了大把时间来做生命中更重要的事。生命中要是毫无纪律，就会变得一团乱，受到苦难、暴力和谬论驱使。好好培养自己的能力和创造力，努力帮助他人，就能过着更喜悦的人生。这样的人生，在我听来一点也不无趣！

亚洲动物权益兴起的幕后功臣

杰森·贝克（Jason Baker），是亚洲善待动物组织（PETA Asia）的副总裁，也是全球动物权益运动的核心人物。吃素近 30 个年头的他，过去 25 年来奔走于世界各地，说服美国国家航空航天局停止对灵长类动物的残酷实验，关闭一家位于越南古芝地道的破旧动物园，在印度孟买成立了 PETA 在亚洲的第一个关联机构，并和 PETA 的总裁英格丽·纽科克（Ingrid Newkirk）女士首度曝光了印度的牛只运输业。曾登上北美地区、亚洲、澳大利亚许多主流媒体的他，究竟是怎么样一位人物？

编辑 / 张小马 文 & 采访 /Vegan Kitty Cat 图 /PETA 提供

为了动物，再卖命都愿意

身穿成人纸尿裤呼吁知名尿布品牌停止动物实验；炎炎夏日隐身在大狗装扮下推广给猫狗绝育；到泰国去记录马戏团训练小象的残酷过程；在卡特里娜飓风后去了新奥尔良，在被淹没的城市中打破房子门窗，拯救被遗弃的猫狗；到黎巴嫩去救出当时主人逃离以色列空袭时留下来的伴侣动物——听到这里你可能心想，这种卖命的工作，谁要做呀？

事实上，全球最大动物权益组织的副总裁亲自做了上面每一件事，而且还乐此不疲。

身为亚洲善待动物组织的副总裁，杰森·贝克不但没有高高在上，反而在沉重的管理职责之余，亲自在必要时和员工一起上山下海。他深深理解公益组织人手不足，因此为素食理念奉献了一切也在所不惜。我有幸与他共事五年，共同为动物权益打拼，也不禁佩服，这男人到底哪来这么强大的毅力呢？

将动物权益发扬光大

素食有千百种理由。有人为了健康，有人为了环保，有人为了修身养性，还有人为的是对动物无可救药的爱。杰森就属于后者。

1972 年出生于美国密歇根州底特律一个中产家庭的他，在成长过程中经常在家门前看到载满鸡只的卡车经过前往屠宰场。有一天，他亲眼看见一只垂死的鸡从卡车上摔了下来。工厂化养殖厂的鸡，从出生到死亡，一辈子都受人操控、受尽折磨。对他们来说，生命的诞生不是喜悦或欢庆的原因，而是一场苦难的开始。“这些动物，究竟经历了怎样的处境？”终于，他第一次停下来仔细思考。从那时起，他就决定不吃肉了，并于 1994 年加入了美国善待动物组织，开始为动物发声。

秉持着组织的核心理念，“动物不是供我们食用、穿戴、实验、娱乐或以任何形式剥削的”，平时他的工作内容除了推广素食，还从各个领域着手推广普遍对动物的同理心，包括不穿皮制品或皮草、不用动物实验的化妆品、不去动物园或看动物表演等。

当动物权益在全球还是一个新兴话题，在西方国家都还推行得非常辛苦的时候，2000 年，他毅然决然来到亚洲，成立了印度善待动物组织，并在几年后几经转折于中国香港地区落脚，成立了亚洲善待动物组织，专门帮助中国内地、香港地区、台湾地区、新加坡、菲律宾、越南等地的动物。

从一开始的默默无闻到现在，PETA 的微博已逾 23 万粉丝，经常登上国际公益组织排行榜榜首；受到郭碧婷、罗志祥、杨幂、吴秀波、昆凌、陈柏霖、孙俪、舒淇等明星无偿代言支持；揭露安哥拉兔毛产业的视频在各网络平台受到千万次转载，使无数人拒绝使用动物皮毛；并与探索频道合作公开放映纪录片《黑鲸》，提升民众对于海洋动物的爱护意识。这些是一般人看得见的成功。但或许大家没想过的，是成功背后他付出了多少的心血。

遇到挑战，越挫越勇

杰森是个不太喜形于色的人。

无论是取得了什么胜利或遭逢了什么失败，或许他内心蓬勃激昂，但表面却看不太出来。在维护动物权益界摸爬滚打，要目睹多少动物受苦，但这些非但不会让他气馁，反而让他更加坚定自己的初衷。

加入美国善待动物组织的隔年，他便被派遣了一个任务：去侦查一辆在公路上满载鸡只、出了意外的卡车。当他抵达现场，发现那里简直是人间炼狱。共有一千多只鸡，本来在养殖场里已经饱受虐待了，没在这场车祸中死去的也受了重伤。杰森不断到路边打公共电话给总裁英格丽·纽科克，请她派更多人来支援。许多志愿者、实习生都情绪激动到不能自已，而杰森虽然内心悲痛万分，但他同时也知道，维护动物权利这条路，一旦走了，就回不去了。

同理心不设限

或许很多动物权益人士都曾遇到有人问：“帮助动物，那人类怎么办？”

事实上，帮助动物，同时就是在帮助人类。根据联合国报告指出，畜牧业是造成气候变迁最严重的主因之一。地球上同时也种植了足够的粮食可以喂饱所有人，但却因为分配不均，把大部分粮食拿去作为工厂化养殖厂里动物的饲料，而导致近八亿人口挨饿。

对真正想要让世界变得更好的人来说，“帮助动物还是人类”绝非一个二选一的选择题。

Dr. Will Tuttle

你觉得纯素男性最大的优点是什么?

无论就哪个层面来说，都有太多好处了！我已经纯素快 40 年了，见过非常多的纯素者与非素食者。我认为纯素者不但更健康、更有活力，也更可能拥有较良好的人际关系——这是因为我们内心比较自由，能够诚实面对自己，也不食用恐惧、苦难、绝望和愤怒下的产物。

纯素者通常比较快乐、和平，因为我们是发自内心有意识地去降低自己对生态环境、工厂化养殖厂的动物、野生动物、全球饥饿人口和后代所造成的冲击。

你认为素食男性意味着禁欲或无趣吗？为什么?

这是个好问题。当然啦，一切都要看个人观点。一个从前的赌徒和酒鬼在戒赌、戒酒之后，他原本朋友圈里的那些赌徒、酒鬼一定会觉得他变得很无趣！但他自己呢，则会因为戒赌、戒酒而过着更有活力、更觉醒的生活，更别提他多出了大把时间来做生命中更重要的事。生命中要是毫无纪律，就会变得一团乱，受到苦难、暴力和谬论驱使。好好培养自己的能力和创造力，努力帮助他人，就能过着更喜悦的人生。这样的人生，在我听来一点也不无趣！

亚洲动物权益兴起的幕后功臣

杰森·贝克（Jason Baker），是亚洲善待动物组织（PETA Asia）的副总裁，也是全球动物权益运动的核心人物。吃素近30个年头的他，过去25年来奔走于世界各地，说服美国国家航空航天局停止对灵长类动物的残酷实验，关闭一家位于越南古芝地道的破旧动物园，在印度孟买成立了PETA在亚洲的第一个关联机构，并和PETA的总裁英格丽·纽科克（Ingrid Newkirk）女士首度曝光了印度的牛只运输业。曾登上北美地区、亚洲、澳大利亚许多主流媒体的他，究竟是怎么样一位人物？

因为不忍看见许多孩子被原生父母抛弃，杰森自己四岁多的儿子泽利克（Zelic），就是领养来的。泽利克从出生就是纯素者，是证明小孩吃素的好处最佳的例子。一开始领养他时，医生还跟杰森说他可能会因为生母药物上瘾的关系而个头小、生长慢，但他现在个头既不小，成长得也很好。这很大一部分跟他的健康纯素饮食有关。他从小不但吃素，还跟着爸爸杰森一起到处拜访动物庇护所，平时也会将需要照顾的动物带回家细心呵护，从生活中建立起同理心。

给自己一个机会，尝试素食

杰森所做的一切，都是为了建立一个对动物友善的世界。他最想对一般人传达的信息就是，给自己一个机会尝试素食吧！这是对自己的健康、对环境、对动物都更好的选择。第一次尝试吃素也以失败收场的他说道，如果失败了，你还可以再试一次，再失败了，就再试一次。至于已经吃素并努力推广的朋友，永远不要放弃，不要在意人们的批评。

虽然 25 年来在 PETA 努力推广动物权益和素食，每天都会碰到受人质疑和评判这种事，但他觉得完全没有关系，因为通常人们在不了解的情况下很自然就会有防御心。对他来说，最重要的就是要持续不断地努力，创造更好的未来。因此，能够推广素食，对他来说更像是种殊荣，而不是工作。

纯素生活已经变得越来越主流，健康与环保意识上涨，动物权利抬头，国内肉食消费量甚至已连续三年下降。当传统观念告诉我们真正的男人要外表粗犷、内心坚硬，杰森让我们看到一个不同的观点：真正的男人，不会因为一点挫败就垂头丧气；真正的男人，永远将他人的幸福和社会的正义放在个人之前。素食，才是真男人。

人们普遍会认为“纯素者都很弱”，尤其是纯素男性，你作何反应？

人们对素食有很大的偏见，所以我可以说是花了一辈子的时间在一一击破这些偏见。PETA 经常向人们倡导，许多综合格斗士、拳击手和举重选手都是纯素者，更别提其他更多的纯素运动员了。他们会选择纯素饮食，正是因为这样让他们更强壮、更迅速，也更健康。

我知道普罗大众可能还对这样的概念有点陌生，所以 PETA 和我也非常积极地通过与名人合作、制作影片、校园活动、暗访调查，在微博和微信上倡导素食的健康益处。我们不像乳制品行业有着大把大把的预算可以打广告，但通过不懈的努力，还是能够改变人们的态度。即便肉制品、乳制品行业预算再多，也不能够抹灭这个事实——动物制品不但不人道，也不健康。

你所认为的纯素男性应该是什么样子的？

对我来说，一位纯素男性的特质，包括了诚恳、有同理心、无私、努力不懈，还要保持专注。身为纯素者，并不是说你不能像一般人一样做些“正常”的事，例如出外晚餐、看电影什么的。但身为纯素者，就代表了你的人生目标不再是赚大钱，而是要去帮助他人。对我来说，这是我们身而为人，对其他生命的职责。我遇到过这么多纯素男性，来自各个领域，不同的经济背景、不同的性别取向……他们对我来说都是真男人。纯素生活型态现在已经如此主流，我想将我们连结在一起的，大概就是我们对动物的慈悲了。

你觉得素食男性可以和“禁欲”或“无趣”之间划等号吗？为什么？

吃肉才无趣吧！我转为纯素者后，便开始了解到世界上有这么多美食，比我吃动物时还多得多了。这让我开拓视野，体验更多文化和料理，也更喜欢旅游，以此推广素食（我因为工作需要经常出差）。能够认识其他想要改变世界的人是很棒的，无论是明星、商业人士、政治人物或一般的草根运动人士，看到他们努力呼吁伴侣动物绝育、推广纯素学校营养午餐，或为其他动物发声，都令人非常感动。

J a s o n

如果用一句话来向别人推荐素食，你会说什么？

我会建议他们多观看揭露肉品工业的影片，因为讲到素食对健康的好、对环境的好，很多人会抱持质疑甚至是嘲笑的态度。但要是了解到道义这个层面，就很难去忽视了。在工厂化养殖厂，鸡的一生都在黑暗、拥挤的畜棚中度过，到了生命尽头被扔进卡车运去屠宰场，最后被倒吊起来划破喉咙而死。

健康、环保的种种好处，可能听过就忘了，但是动物所受的苦，一旦亲眼见到，便会盘旋在内心许久不散。这些影片和照片揭露了肉品工业的残酷，是我成为纯素者的理由，也是让我能够坚持下来的原因。这些影片和照片让纯素变得越来越主流，因为人们不希望参与这么残酷的行为。

在推广素食的过程中所遇到过的最大的挑战是什么？你是如何克服的？

要让人们抱持开放的心态去听你说素食的好处是个挑战，而且不能硬是用说教或强迫的方式。一定要让他们获得足够的信息。例如 PETA 最近即将在国内出版的《纯素指南》，其中就包含了素食和环保、健康和人道的关联、素食明星范例，还有素食食谱和资源，帮助人们顺利做出转变。

所以我还是会继续用影片的方式揭露肉品工业，用具有创意的方式来吸引大家的注意力，也让人们能够轻易取得信息。由于在 PETA 的工作，让我得以通过许多方式来倡导素食，包括撰写报纸文章探讨为何父母应该要让孩子从小吃素，和 Maggie Q、吴秀波等明星拍摄素食广告，和调查员合作揭露羽绒产业、安哥拉兔毛产业和皮草产业背后的黑暗面。我总是会确保把一切人们需要知道的都准备好，等到时机成熟他们自然会看见，进而改变态度和心态。

访

敢于对抗不公正的真勇士

专访国际反盗猎基金创始人达米安·曼德

编辑 & 采访 / 张小马 文 /Layla 文 图 /Damien Mander 提供

达米安·曼德（Damien Mander），看过他在TEDx 演讲的人一定不会陌生，这位荷枪实弹战斗在津巴布韦野生动物保护前线的战士，变卖了自己的家产，全部投入到动物保护事业中。他出生于 1979 年，20 岁成为澳大利亚皇家海军的排险潜水员，25 岁时成为特种部队狙击手，作为雇佣兵，12 次前往伊拉克参加战争。2009 年，在一次去非洲的旅程中，一头被盗猎者残忍杀害的大象给了他莫大的震撼，从此他成为了一名武装反盗猎巡逻员，用自己的全部财产建立了国际反盗猎基金（International Anti-Poaching Foundation），战斗在保护野生动物的第一线。为了动物而战的达米安同时也是一位动物权利的支持者和严格素食者。

成为大自然的战士

20 岁的达米安成为了海军的排险潜水员，25 岁时成为了特种部队狙击手，作为一个“战争机器”，一个所谓的“雇佣兵”，在前线经历着生死。而那时的他根本不知道环保是什么，只是凭着刻板印象认为自然保育员就是一群梳着脏辫、抽着大麻、喜欢抱树并与大企业作对的嬉皮士。然而这个曾经对自然保护一无所知，也不屑参与的达米安，在第 12 次前往伊拉克作战后，开始反思他做过的每一件事和到过的每一个地方——“在我心中，我只有一个真正勇敢的行为，那就是单纯地做出决定‘是与否’的选择。但就是这个决定完全的重新诠释了我，让我不再言行不一。”

2009 年，他在津巴布韦灌木丛深处找到了人生的方向——一只被盗猎者把整个脸砍掉的公象震惊了他，也带给了他巨大的打击。他扪心自问：“我是否有足够勇气放弃生活中的一切，尽己所能去终止动物的苦难？是，或否。”第二天，他给家人打电话，开始变卖他用之前做雇佣兵时的战争收入所投资的房产，并从此将自己必生的积蓄都用于创办和发展“国际反盗猎基金”。这个组织每天都在奋斗，有执法能力，有荷枪实弹的武装，并把他所熟知的军事方法应用在保护自然的前线上。

充满男子气概的素食者

作为一个动物保护者，很自然的，达米安也是一个素食者，因为他深知动物福利的社会意义其实更加深远。在看到被砍掉面部的大象时，他产生了一个疑问：到底是大象更需要自己的脸，还是人类更需要一个象牙摆件？答案是大象，毋庸置疑。而这之后，他产生了另一个疑问，一个让他必须面对自己的疑问：到底是一头牛更需要自己的生命，还是我更需要享受一顿烤肉？而答案其实早就在他心中不言而喻了。

自此，他不仅是一个野生动物保护者，也是一个动物权利支持者。“不管是工业化养殖、活体出口、盗猎，还是皮草交易，从逻辑上来说，所有这些对我而言都是同一个领域。痛苦就是痛苦，谋杀就是谋杀。”达米安说，“当我放下所有物质财产时，我发现我也是一只动物，我们是一个家庭，生活在同一个星球上。”

吃素后，他变得更健康、更精瘦、更健美、更精力充沛，有着更清醒的意识。而素食给他带来的福利似乎还不止如此，自从他把全部身心投入到动物保护事业，他得到的来自女性的关注比任何时候都多。至于原因，他说：“我认为大多数女性更喜欢有慈悲心、能够保护弱者的男人。剥削伤害没有自卫能力的对象，可完全谈不上性感。”

而对于有些人所质疑的，素食者的生活也许会枯燥，达米安可不同意。热爱烹饪和下馆子的他也非常喜欢和朋友们聚在一起，成为纯素食者后，他有了更充沛的精力去参与其中。此外，很多研究也证明，含有肉类和乳制品的饮食阻碍血液流通，对男人在卧室里的表现会有负面影响，纯素饮食正相反，所以何谈枯燥？

打破刻板印象

作为一名前任雇佣兵，一个现任武装反盗猎者，魁梧善战的达米安在人们心目中的形象简直是男子气概的化身。而这似乎与他素食者的身份格格不入，毕竟在现代社会的主流价值观中，肉食是力量的象征，是男子气概的象征，而素食者，尤其是男性素食者在很多人眼中似乎是羸弱的，缺乏力量的。但观念毕竟只是观念，这种刻板印象在达米安身上不攻自破，他将素食男性描述成“敢于对抗不公正的真勇士”。对于这种刻板印象，达米安认为，男人——自恃“强者”——应该去保护这世界上的弱者，而动物正是数一数二无辜和脆弱的生命，所以更要对动物心怀慈悲和同情。

他回忆起年少时曾带着 14 岁的弟弟去打猎，觉得这个经历能让弟弟更像个男子汉。那时的他 19 岁，射穿了一只兔子的脊柱，那是一记 70 米开外的远射，当时那只兔子正在奔跑跳跃，并没觉察出异常。而少年达米安，表现得就像个未来的狙击手。然而，那只兔子在中枪后并没有立刻死去，他躺在那儿挣扎，努力试着用他小小的前腿拖动整个身体逃走。达米安走上前，把上膛的来福枪塞到弟弟手里，想让他朝兔子的脑袋开枪。弟弟拒绝了，扔掉了枪，抽泣着。那时的达米安觉得弟弟软弱无能，便自己开枪结果了那只兔子。

在那之后很多年里，他都用这件事嘲笑弟弟——不是个男人。“直到有一天，我终于明白，我弟弟才是强大的那个，而我，是个真正的软蛋。他才是个真正的男人，因为他选择不去伤害无辜的生命。”Damien 回忆道，“我们柔软的一面让我们更加真实。我的过去塑造了我的今天——睁开我的双眼去认识动物的奇妙，还有他们在生活中各个方面所急需的保护，从非洲前线，到我们家中的餐桌。真正的强者保护弱者，而不是剥削伤害他们。”

其实在内心深处，我们何尝不是和曾经的达米安一样，知道自己一直在对动物做着错误的事情，却没有勇气改变，没有勇气和社会主流背道而驰。但终有一天，我们也会像现在的达米安一样，勇敢地做出一个选择，一个重新诠释自我的选择，这个选择是任何人都可以做的，正是这个选择能够帮助拯救动物的生命。正如达米安所说：“这个选择是我人生中最大的成就。”

马丁·路德·金（Martin Luther King, Jr）也曾说过：“有时候人必须要选择一个既不安全，不关政治，更不受欢迎的立场。但他必须坚持这个立场，因为良知告诉他，那才是正确的。”

你对“真男人”的定义是什么？

对于什么是真男人，我们都有自己的观点。我相信一个真男人敢于为自己的行为负责，充满慈悲心、同情心，有着为自己所相信的正义挺身而出的勇气。一个真男人敢于一直面对自己意识中最黑暗的部分，并有决心去改进。

你心目中的英雄是什么样的？

约翰·莫雷加（John Marenga）是国际反盗猎基金会在津巴布韦的巡逻员之一，一个真正的英雄。30 年前，他放弃了一个年轻人本该拥有的一切，成为了一名动物保护巡逻员，投入到自然保护事业中。30 年了，他如此忠诚、清廉、勇敢、专注奉献。他就是我希望我儿子成长过程中参照的榜样，而且更多的孩子也应该有如此的志向。

你认为人们为什么对动物缺乏关爱？

人们会用文化、所处环境和方便程度去为自己对动物缺乏慈悲的行为作辩解。想让人们承认这一点简直太困难了。不过只要百叶窗一打开，就不会再关上。所以我们要做的，是诚实地面对我们的内心，拿出勇气，做出选择，勇于改变，不要惧怕与社会主流背道而驰。

对你来说，现阶段最大的挑战是什么？

学着为我的组织——国际反盗猎基金 (www.iapf.org) 进行筹款。这个组织与野生动物保护前线的巡逻者们一起，保护大象和犀牛，资金能够让我们做得更多更好。然而，世界上 95% 的慈善基金都投向了人类事业，只有 5% 给了动物和环境，但这才是我们作为自然物种的一份子要做的真正事业。

D a m i e n

你的人生经历对于热爱动物的我们来说，充满了魅力和激励，不过我们很难像你一样荷枪实弹地武装自己，冲往动物保护的前线，那我们能为动物做些什么呢？

如果我们真的爱动物，而不仅仅是“伴侣动物”，那么保护动物最简单的方法，就是不要把他们塞进我们的嘴里，做一个素食者。

成为一个素食者，意味着拯救生命，但并不是所有人都能理解，你受到过别人的攻击和嘲讽吗？

当然，我可受到过不少嘲笑呢！但我知道他们嘲笑的其实不是我，而是他们自己，他们对自己所造成的苦难感到不适。这是人性。我对任何想批判或质疑我的人都保持开放的态度。毕竟，我们要面对的永远只是我们自己。

你现在最想传达给这个世界的是什么？

当未来的后代回望我们对待动物与自然的暴行，会感到羞愧和难以置信。所以，请选择站到历史的正确的一边。我们只有一次生命，一个星球和一次机会。不要到死前还在疑惑自己到底有没有让世界变得更好。我们无法改变历史，但我们能改写未来，为了每一个动物，每一个生态系统，我们选择去为之战斗，做出改变。

有没有什么想对我们的读者说的话呢？

资金帮助我们——国际反盗猎基金会 (www.iapf.org)——保护非洲的动物们，如果任何一个读者愿意给予帮助，我们将非常感谢你的支持。谢谢！

M a n d e r

灵
INSPIRED

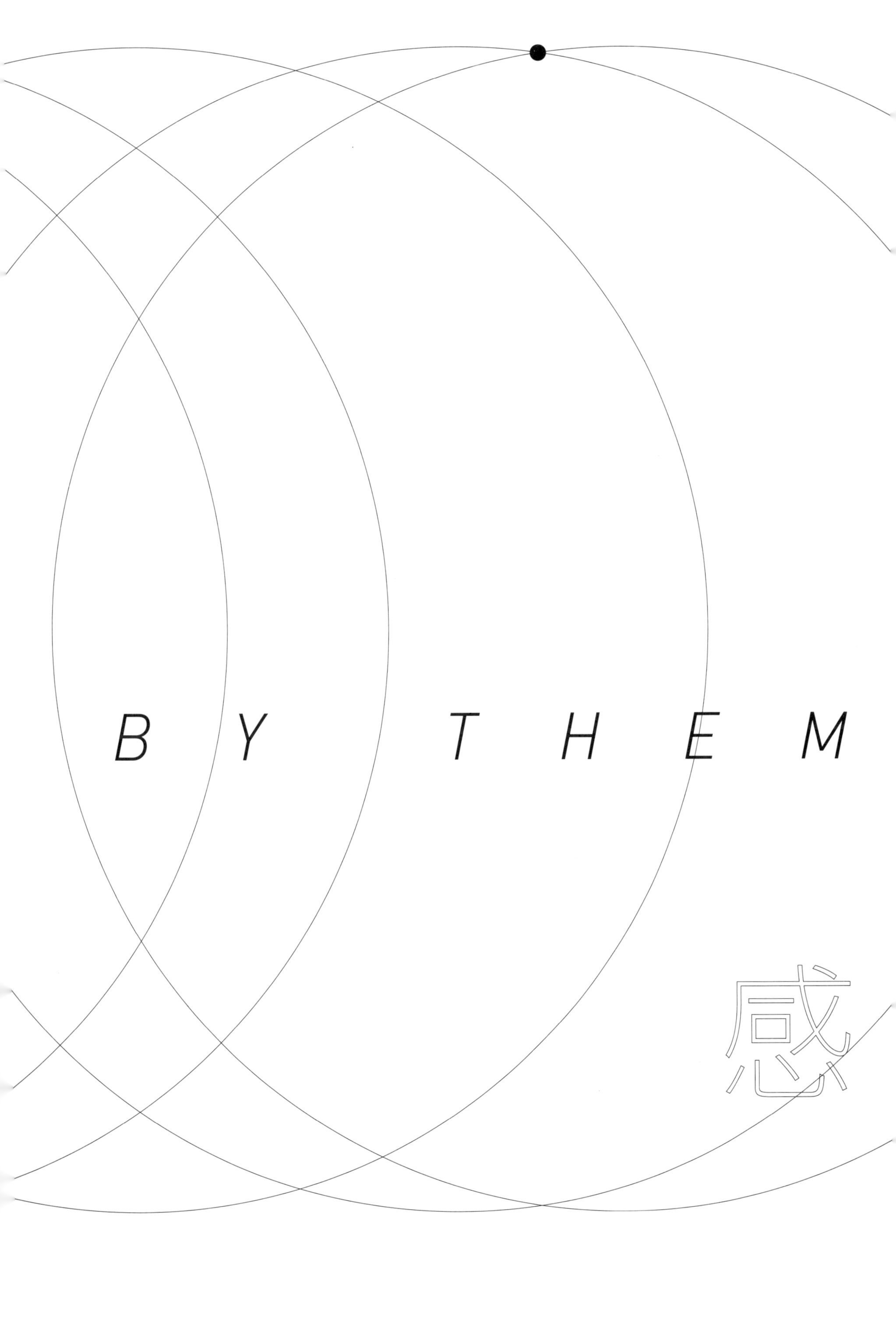
B Y T H E M
感

狩猎到底怎么错了

编辑 / 张小马 文 & 图 /Gary Yourofsky 译 / 孙梦颖

编者按：

加里·尤乐夫斯基（Gary Yourofsky），多年来为了维护动物权益，全力以赴、奋不顾身。他曾把自己的脖子拴在汽车后轮上，以抵制马戏团和动物实验；也曾因私自放走 1000 多只将被做成皮草大衣的水貂而入狱 77 天，成了“国际一级罪犯”，被加拿大等五个国家禁止入境；他还曾在 166 所院校做过 2660 场关于保护动物的演讲，其中，在美国佐治亚理工学院（Georgia Institute of Technology）演讲的“同情的力量”最为震撼人心，被上传到网络后点击量超高，也曾因此改变了很多人对待动物的看法；他为动物发声，句句铿将有力，但也因此而备受争议。无论如何，他都是一位真正的斗士。

当“糙米”这期的选题刚刚确定之初，我们就立刻联系了加里。然而在 2017 年 3 月，加里就曾宣布暂别各种媒体采访，于是专访的计划被搁浅了。不过经过沟通，加里非常愿意将自己网站 http://www.adaptt.org 上的文章刊登在“糙米”上，他还嘱咐道：“我不拥有任何版权，因为真相应该永远被自由传播。”

下文来自
http://www.adaptt.org
"Here's What's Wrong with Hunting"
文章有删减及整理。

在我开始驳斥狩猎的种种谎言之前，我想先引用两位著名动物权利活动家的两句话：

第一句来自甘地：“对我而言，羔羊的生命和人类的生命一样珍贵。越是无助的动物，人类就越应该保护他，使他不受人类的残暴侵害。”

第二句来自伟大的哲学家毕达哥拉斯：“只要人还在残酷地对待低等生命，他就绝不会懂得健康与和平。只要人类还在大规模地残杀动物，他们就会相互残杀。谁播撒了残杀和痛苦的种子，谁就一定不能收获欢乐与爱。”

狩猎者总是将自己描绘成一副高尚、老实、关心他人的美好形象，但狩猎界的谚语展示的则是完全相反的画面：“多射击，常射击。我杀死动物再将肢解的尸体堆起来，这成堆的残骸使我着迷。我为狩猎而生，我因狩猎而生，生命不息，屠杀不止。”

泰德·纽金特（Ted Nugent）是世界上最直言不讳的动物杀手，也几乎是每个狩猎者心目中的英雄。看看他说过什么吧：“冬日的死气，寂静的哀鸣均拜我所赐，斑斑血迹对我来说是悦耳的音乐。成堆的尸体残骸使我着迷。那头猪没察觉到我的存在。我踢了它。我就喜欢虐待动物。这是摇滚的力量。”

纯粹的生存需要是捕杀并食用动物的唯一借口。而这种情况是极少见的。住在冰天雪地之中的因纽特人就是这“极少见的情况”之一（这也是我从来不去阿拉斯加做讲座的原因）。而我永远无法理解的是，既非住在冰天雪地中，也非住在沙漠地区，却仍在捕猎、杀戮动物并以其血肉为食的人类行为。当你伤害动物时，不管是“出于习惯”、“遵循传统”、还是“为了方便”、“好吃”，都是野蛮且站不住脚的理由。

人类将动物变成无生命的物体，视金钱买卖为其唯一的价值。牛变成了皮鞋、公文包和汉堡包。鸡变成了一桶桶的鸡翅膀。鹿则不情愿地成为了一项残忍“运动”的选手，比赛结束后，头被砍下挂在墙上作为战利品，身体剩余的部分则被做成鹿肉汉堡。

如果人类被当作狩猎者的猎物那般被对待，他们肯定要大喊“大屠杀”、“种族灭绝”、“血腥谋杀”！然而，在狩猎者的思维模式里，动物等于猎物，活该被杀。这种所谓的“运动”是不理智、不正派、毫无仁慈可言的，还是让我直话直说吧，这种行为简直就是反社会的。

超过 25 年，ESPN 电视台一直在播放狩猎和钓鱼的节目。我是个体育迷，我不得不在周末的早晨痛苦地等待这些血腥画面结束后，才能等来真正的体育赛事直播。我能感到那些狩猎者在扳机扣动或弓箭射出之前的兴奋。没有必要美化狩猎的真正原因，任何残杀动物的行为都没有好听的借口，狩猎和钓鱼就是血腥的“运动”，这是再简单明了不过的事实。

如果人们还坚信“某些动物数量过多”的谎言，或是打着善良和科学旗号来“管理野生动物，帮助恢复生态系统”，那么动物权利的人道主义者们很难谈论狩猎的真相。狩猎才不是什么科学，不过是懦夫和变态们在寻欢作乐而已。任何一个稍微有点常识的健全人类都能看清这彻底的真相。

人们必须明白，野生动物管理是大约 100 年前创造出来的用于迷惑公众的概念。根本不存在野生动物管理这回事。人类怎么能管理自然呢？人类唯一该管好的是自己，别再踏足动物的空间了。

狩猎者会吃自己猎杀的动物吗？会。但是狩猎者是为了食物而狩猎吗？不！杀动物使他们兴奋，这就是他们狩猎的原因。狩猎使他们享受到一阵阵快感，仿佛注射了肾上腺激素一般。这是嗜血，是控制欲，是傲慢，

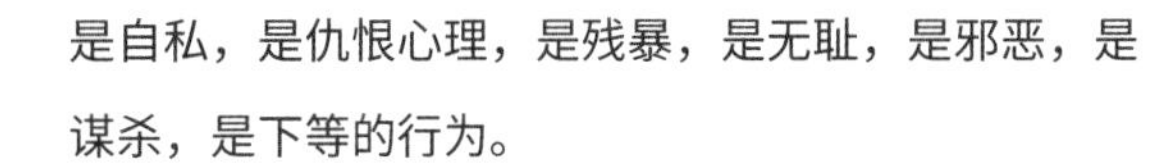

是自私，是仇恨心理，是残暴，是无耻，是邪恶，是谋杀，是下等的行为。

另一个狩猎者经常使用的借口是——冬天的时候鹿会活活饿死，说的好像饿死不是自然过程一样，事实上，这才是自然控制种群数量和生态体系的方式。饿死的鹿成为了食腐动物的食物，这才是自然界优胜劣汰，弱肉强食的法则。

在头上射一枪或是往胸口射一箭并不是解决它们饥饿的方法。而且，狩猎者根本不猎杀饥饿的鹿，因为饥饿的鹿瘦骨嶙峋，肉不够多就不是好的战利品。

谁能拿得出一张狩猎者猎杀一只瘦弱的鹿的照片，只要一张就好！我打赌没人能拿得出。狩猎者只会猎杀体积大、鹿角也大的鹿，这种鹿才是最佳战利品。看看 PBS 、ESPN 和 TNN 电视台的那些节目就知道，巨大的鹿角，庞大的战利品，他们不过就这点追求了。

1989 年 4 月 17 日，泰德·纽金特在《自由报》（The Free Press）文章中这样说：“我不是为了吃肉而狩猎，我是为了狩猎而狩猎。”

1990 年，纽金特在《世界弓猎者杂志》（World Bowhunter's Magazine）上又发表了这样一段话：“没有人仅仅为了吃肉而狩猎，因为这样成本太高，太花费时间，而且极度不符合我们的狩猎原则。”

最后，我想表达的是，我会为动物挡子弹，我要组织一个保护动物的警卫队，使他们免受狩猎者的伤害。但我的确向六个娘娘腔的狩猎者挑衅过，让他们向我展示所谓的“硬汉”到底有多厉害。我的确很想教训这些混蛋。不幸的是，他们一如往常地拒绝接受我的挑战。如果这些年那些激烈的动物保护行动教会我什么的话，那就是虐待动物的人其实都是懦夫，因为他们永远不敢惹怒那些会回击的人。

到底有没有可持续的肉食？

编辑 / 张小马 文 /Andrew Nicholls 译 / 孙梦颖

我听过很多人谈论“可持续肉食”的概念，即放养草饲的牛肉、北极鲑鱼、野味等。这些不过是虚假的幻想和少数人盲目的乐观看法，我称之为“营养精英主义”。

持这种观念的人会说：“这种肉食的获取方式听上去很天然、可持续，我要以此使吃肉合理化”。没错，的确有一小部分“幸运”的人可以这样生活，他们多数来自西半球非常富有的国家，代表着世界总人口的极小一部分，而且也有条件可以实现这样的生活方式，获取这样的产品。当然，这是以伤害他者为代价，例如，亚马逊雨林里的养牛场已经成为美国牛肉市场的主要供应商。

尽管社会提倡“可持续肉食”的呼声强烈，但环境现实决定了“可持续肉食”无法扩大规模——我们没有足够的土地提供所有牛都草饲和放牧的条件，世界海洋鱼类的数量也已经因此减少了 90%，但营养精英主义者们看不到这一点。所以在现实条件下，也许只有世界总人口 1% 中的 1% 才有可能这样过日子。

那其他几十亿人呢？我担心他们以及他们的未来。我理想中的世界是全人类都享有民主和社会责任的世界，但是营养精英主义不存在于这个世界里。

如果在中国，大家也采取这种营养精英主义的思维模式，那就是我最为担心的。不幸的是，在我所到过的大城市里，这种现象已经随处可见——华丽的餐厅里供应动物不同部位的肉，美式分量的厚肉，大瓶牛奶，大块芝士。即使每个中国人只吃一小部分（假设是平均美式分量的 1/4）的草饲牛肉，仍需要整个中国那么大的土地才能放牧饲养所需要的牛。这显然是不可能的。

那随之而来会发生什么呢？就是大规模的集中饲养，对森林和较落后邻国土地的毁坏，而为了换取短期的经济回报，并讨好亚洲巨头，这些小国也愿意牺牲自己的土地。我们不能任由这种大规模的破坏发生。中国政府已经提出人民需要削减肉类消费的建议，这点非常值得赞扬，我也希望我们能用有远见的领导力和教育扭转时势。

我们的未来最终将取决于我们现在所做的选择。我们生活的这个地球已经不同于 100、1000、10000 年以前了，因此那些旧时的理念、习惯和生活方式也不一定适用于当下了。既然是“进化”，就说明我们不应该再做以前做的事了。人类是有感知力的物种，需要适应当下和未来的情境，否则，人类不可抑止的以自我中心主义的行为终将报复给我们的后代。我希望能帮助人们意识到“种什么因，就得什么果”的道理，我们播种下幸福、健康、希望的种子，就可以收获幸福、健康和希望。

我们如今是在为我们的后代做出决定。我祈祷人人都能为自己、为家庭、为后代做出有爱而慷慨的决定，远离肉食和动物性饮食，转向温和、慈爱和富有同情心的生活方式，只吃有机天然、用爱生产的植物性食品。这真的没有你想象中的那么复杂，只要试过就知道。我曾经也是一个吃肉的人，因此我清楚个中差别。没有亲自体验过至少 1~2 年素食生活方式的人其实并不知道哪种生活方式更有价值和好处。正如印第安人的俗语所言：“在评判另一个人的行为之前，穿着他的莫卡辛鞋走一万步试试看吧。”

欢迎你也加入我的旅途，一起为地球上的每一个人创造和平、爱和可持续。

作者简介：
Andrew Nicholls， 澳大利亚人，现居中国台北。“爱在”咖啡创始人，纯素主义的提倡者，有着 25 年传播纯素理念的经验。